DAS ÖSTERREICHISCHE LEBENSMITTELBUCH
CODEX ALIMENTARIUS AUSTRIACUS

II. Auflage

Herausgegeben vom Bundesministerium für soziale Verwaltung,
Volksgesundheitsamt, im Einvernehmen mit der Kommission zur
Herausgabe des Codex alimentarius Austriacus

Vorsitzender: o. ö. Prof. Dr. Franz Zaribnicky

XLIV. HEFT

OBST, SÜDFRÜCHTE

(EINSCHLIESSLICH AGRUMEN) UND

MOHN

REFERENT:
REGIERUNGSRAT UNIV.-PROF. DR. ERWIN JANCHEN

VERLAG VON JULIUS SPRINGER IN WIEN 1935

ISBN 978-3-7091-5217-1   ISBN 978-3-7091-5365-9 (eBook)
DOI 10.1007/978-3-7091-5365-9

Ausgegeben im Dezember 1935

DAS ÖSTERREICHISCHE LEBENSMITTELBUCH
CODEX ALIMENTARIUS AUSTRIACUS

II. Auflage

Herausgegeben vom Bundesministerium für soziale Verwaltung,
Volksgesundheitsamt, im Einvernehmen mit der Kommission zur
Herausgabe des österreichischen Lebensmittelbuches

Vorsitzender: o. ö. Prof. Dr. Franz Zaribnicky

XLIV.

Obst, Südfrüchte

(einschließlich Agrumen) und

Mohn

Referent: Regierungsrat Univ.-Prof. Dr. *Erwin Janchen*

Die Bestimmungen dieses Kapitels sind vornehmlich aus den
Strafbestimmungen des Gesetzes vom 16. Jänner 1896, RGBl. Nr. 89
vom Jahre 1897 („Lebensmittelgesetz"), unter Berücksichtigung der
Regeln des reellen Verkehres abgeleitet. Außerdem kommen unter den
zu diesem Gesetze erlassenen Durchführungsverordnungen insbesondere
die Bestimmungen der Ministerialverordnung vom 13. Oktober 1897,
RGBl. Nr. 235, in Betracht, wonach zum Einhüllen weder Pflanzen-
blätter (Weinlaub), die mit Kupfervitriollösung besprengt oder in
anderer gesundheitsschädlicher Weise verunreinigt sind, noch Metall-
folien, die mehr als ein Gewichtsprozent Blei enthalten, verwendet
werden dürfen. Ebensowenig dürfen schon nach den allgemeinen Bestimmungen des Lebensmittelgesetzes andere Verpackungsmaterialien
verwendet werden, die insbesondere durch ihre gesundheitsschädliche
Färbung dem Obst eine gesundheitsschädliche Beschaffenheit zu verleihen vermögen. Sollte gelegentlich künstliche Färbung bei Obst
(im weiten Sinne dieses Kapitels) angewendet werden, so sind ebenso
wie hinsichtlich der Färbung der Verpackungsmaterialien die Bestimmungen der Ministerialverordnung RGBl. Nr. 142/1906, in der
Fassung der Ministerialverordnung BGBl. Nr. 321/1928, zu beachten.

Nebst den angegebenen Rechtsnormen sind auch die Bestimmungen für die Anwendung gifthältiger Pflanzenschutzmittel, enthalten in der Anlage zu § 30 der Giftverordnung BGBl. Nr. 362/1928 (in
der Fassung des BGBl. II, Nr. 392/1934 und BGBl. Nr. 177/1935),
namentlich auch von den Produzenten sorgfältig zu beachten. Eine
Zuwiderhandlung gegen diese Vorschriften kann unter Umständen
zugleich auch die Strafbarkeit nach dem Lebensmittelgesetz begründen,
beispielsweise wenn Obst, das noch vor Ablauf von 5 Wochen nach

der Behandlung der Kulturen mit gifthältigen Pflanzenschutzmitteln geerntet wurde, ungeachtet dieses Umstandes in Verkehr gebracht wird.

Schließlich ist auch das Bundesgesetz BGBl. II, Nr. 162/1934, betreffend die Regelung der Ausfuhr von Äpfeln in das Ausland, und die über den gleichen Gegenstand erlassene Ministerialverordnung BGBl. II, Nr. 185/1934 zu erwähnen. Mit der letzteren Verordnung werden die für die einzelnen Kategorien von Äpfeln maßgebenden Merkmale und Kennzeichnungen, die Erfordernisse für die Verpackung und Verladung, ferner die zulässigen Fehlergrenzen hinsichtlich Qualität und Gewicht und schließlich die Form des Ausfuhrscheines festgestellt.

1. Beschreibung

Als Obst im weitesten Sinne bezeichnet man Früchte und Samen, die sich durch mehr oder minder beträchtlichen Zuckergehalt auszeichnen und fast durchwegs schon in ungekochtem Zustand genießbar sind. Gewöhnlich sind es fleischige, saftige, an Zucker, organischen Säuren (Äpfel-, Zitronen-, Weinsäure), oft auch Pektinstoffen reiche Teile der Früchte, die dem Genusse dienen. Nur von dem sogenannten Schalenobst und von einigen, diesem ähnlichen Südfrüchten werden die ölreichen oder stärkereichen Samen verzehrt. Die meisten obstliefernden Pflanzen sind Holzgewächse (Bäume, Sträucher, Zwergsträucher); nur Melonen, Erdbeeren, Ananaskirschen und wenige Südfrüchte stammen von krautigen Pflanzen. Das Obst wird im frischen, getrockneten, gekochten oder auf eine andere Art genußfähig oder haltbar gemachten Zustand seit altersher genossen.

Der Einteilung des Handels folgend, wird nachstehend zunächst unterschieden das eigentliche Obst (a bis e), welches zu einem namhaften Teile im Inland produziert wird, und die Südfrüchte (f bis h), die fast ausschließlich aus wärmeren (südlichen) Ländern eingeführt werden. Obst und Südfrüchte werden sodann nach der Beschaffenheit der Früchte pomologisch in mehrere Gruppen eingeteilt. Anhangsweise werden noch die Mohnsamen behandelt. Darnach ergibt sich folgende Übersicht:

a) **Kernobst,** d. s. fleischige oder saftige Früchte von ansehnlicher oder geringerer Größe mit zentralem Kerngehäuse, durchwegs von Apfelgehölzen (Pomoideen) stammend: Apfel, Birne, Quitte, Mispel, Japanische Mispel[1]), Speierling, Vogelbeere, Elsbeere (S. 4 bis 14).

b) **Steinobst,** d. s. fleischige oder saftige Früchte von ansehnlicher oder geringerer Größe mit einem einzigen, sehr harten Kern, meist von Pflaumengehölzen (Prunoideen) stammend: Pfirsich, Marille, Zwetschke, Pflaume, Schlehe, Kirsche, Weichsel, Kornelkirsche (S. 14 bis 21).

---

[1]) Vgl. Fußnote 1 auf S. 11.

c) **Beerenobst,** d. s. fleischige oder saftige Früchte von geringer Größe, nach Bau und Familienzugehörigkeit sehr verschiedenartig, jedoch meist mit mehreren bis zahlreichen kleinen Kernen (selten mit einem einzigen, dann aber weichen Kern): Weinbeere, Johannisbeere, Stachelbeere, Erdbeere, Himbeere, Brombeere, Maulbeere, Heidelbeere, Preißelbeere, Holunderbeere, Sauerdornbeere, Hagebutte, Ananaskirsche, Wacholderbeere (S. 21 bis 38).

d) **Melonenartiges Obst,** d. s. saftige Früchte von ansehnlicher Größe mit derber, ungenießbarer Schale und zahlreichen Kernen, von Kürbisgewächsen (Cucurbitaceen) stammend: Zuckermelone, Wassermelone (S. 38 bis 40).

e) **Schalenobst,** d. s. ölreiche oder stärkereiche Samen von Früchten, deren Fruchtwand meist ungenießbar ist; sie stammen von verschiedenen Laub-, seltener Nadelhölzern: Walnuß, Haselnuß, Edelkastanie, Zirbelnuß (S. 40 bis 45).

f) und g) **Saftige Südfrüchte,** d. s. aus südlichen Ländern eingeführte Früchte, deren genießbarer Teil saftig oder fleischig ist, wobei es gleichgültig ist, ob sie nach ihrem Bau zum Kern-, Stein- oder Beerenobst gehören würden oder sich in keine dieser Gruppen ungezwungen einreihen lassen: Orange, Mandarine, Grape fruit, Kumquat, Zitrone; Feige, Dattel, Banane, Ananas, Johannisbrot, Kakifrucht, Dattelpflaume, Erdbeerbaumfrucht, indische Feige, .Olive, Granatapfel, Litschipflaume; außerdem noch mehrere andere subtropische und tropische Früchte, die nach Österreich nur ausnahmsweise eingeführt werden (S. 45 bis 63).

Orangen, Mandarinen, Grape fruits, Kumquats und Zitronen werden im Großhandel unter dem Namen **Agrumen** zusammengefaßt (S. 45 bis 52). Unter „Südfrüchten" (im engeren Sinne) versteht man im Handel alle übrigen Südfrüchte unter Ausschluß der Agrumen (S. 52 bis 70).

h) **Nußartige Südfrüchte,** d. s. aus südlichen Ländern eingeführte (selten, wie z. B. Mandel, zum Teil auch bei uns produzierte), ölreiche oder stärkereiche Samen vom Charakter des Schalenobstes, aber von sehr verschiedenartigen Pflanzen stammend: Mandel, Pistazie, Piniole, Erdnuß, Paranuß, Kokosnuß (S. 63 bis 70).

i) **Mohnsamen;** diese werden, da sie in der Verwendungsweise manche Ähnlichkeiten mit dem Schalenobst besitzen, hier anhangsweise am Schlusse des Obstes besprochen, obwohl man sie im landläufigen Sinne nicht als Obst zu bezeichnen pflegt (S. 70 bis 72).

Zu den bei den einzelnen Obstarten im Nachfolgenden angegebenen chemischen Analysen ist folgendes zu bemerken:

Die Analysenzahlen beziehen sich stets auf den genießbaren Anteil der reifen Früchte, also z. B. bei Steinobst auf entkernte Früchte, bei Agrumen auf geschälte Früchte, bei Nüssen, Haselnüssen und dergleichen auf ausgelöste Samen usw. Wo nicht ausdrücklich anders an-

4

gegeben, beziehen sich die Zahlen auf frische (nicht getrocknete) Ware von handelsüblicher Beschaffenheit.

Bei den meisten Obstarten schwankt die chemische Zusammensetzung je nach Sorte, Boden, Standort, Klima, Witterung, Kulturart, Pflege, Reifegrad, sowie Dauer der Lagerung innerhalb sehr weiter Grenzen, und zwar nicht nur bei den Einzelbestandteilen an sich, sondern auch in deren Verhältnis zueinander.

Wo Grenzwerte angegeben werden, sind damit nicht die selten vorkommenden äußersten Extreme gemeint, sondern die Grenzen der häufigeren Beschaffenheit, ohne daß deswegen eine Ware, deren chemische Zusammensetzung außerhalb der angegebenen Grenzen liegt, aus diesem Grunde allein beanstandet werden könnte. Wo die Zusammensetzung nur in geringeren Grenzen schwankt oder wo der Gehalt an einem chemischen Stoff nur untergeordnete praktische Bedeutung hat, wurden bloß Mittelwerte angegeben. Unter „Säuren" sind stets die titrierbaren, wasserlöslichen Säuren, unter „Asche" die unverbrennlichen Anteile zu verstehen. Die angegebenen chemischen Zusammensetzungen[1]) stützen sich bei den meisten Obstarten auf sehr zahlreiche Einzelanalysen, für einige seltenere Obstarten lagen nur wenige Untersuchungen vor.

A. Kernobst

Die hieher gezählten Obstarten gehören botanisch zur Unterfamilie Pomoideae der Familie Rosaceae; ihre Früchte sind sogenannte Apfelfrüchte. Diese enthalten innerhalb der Fruchthaut zunächst ein mehr minder mächtiges Fruchtfleisch, das aus dem „Blütenboden" hervorgeht, und im Innern meist ein mehrfächeriges Kerngehäuse, seltener mehrere Steinkerne; dem Stiel gegenüber sind die Apfelfrüchte in der Regel von vertrockneten Kelchblättern gekrönt.

1. Apfel

Äpfel sind die Früchte des kultivierten Apfelbaumes, Malus domestica Borkh. (Fam. Rosaceae-Pomoideae-Sorbeae). Die Kulturäpfel stammen von mehreren in Vorderasien heimischen Apfelarten, besonders von Malus pumila Mill. und M. dasyphylla Borkh. und zum Teile auch von dem in Mitteleuropa heimischen Holzapfel, Malus silvestris (L.) Mill.

Äpfel sind je nach der Sorte von verschiedener Größe, Gestalt, Oberflächenbeschaffenheit, Farbe und Konsistenz. Im allgemeinen sind sie niedergedrückt-kugelig oder fast kugelig, eirund oder eiförmig, manche Sorten gerippt, an beiden Polen mehr oder weniger vertieft,

---

[1]) Die Zusammenstellung der in diesem Heft angegebenen Zahlen über chemische Bestandteile erfolgte durch Regierungsrat Dr. *Josef Mayerhofer* (Landwirtschaftlich-chemische Bundesversuchsanstalt in Wien), zum großen Teile auf Grund eigener Untersuchungen.

am Scheitel („Rose") von dem vertrockneten, fünfblättrigen Kelche gekrönt. Ihre äußere Fruchthaut ist verhältnismäßig dünn, fast lederartig, grünlich, gelb, rot, braun, fast grau, buntgestreift oder sonst mehrfärbig, stets kahl, dabei glatt oder seltener rauh. Das Fruchtfleisch ist mächtig entwickelt, bald zart und saftreich, bald mehr derb und fleischig, von einem Kreise von Gefäßbündeln durchsetzt. Die fünf Fächer des hornartigen Kerngehäuses umschließen je zwei eiförmige, zusammengedrückte Samen.

Der Geruch der Äpfel ist angenehm, jedoch nach den Sorten sehr verschieden, der Geschmack säuerlich-süß, bald mehr säuerlich, bald vorwaltend süß. Die chemische Zusammensetzung beträgt im allgemeinen: 73 bis 89% Wasser, 7 bis 18% Gesamtzucker (von diesem bis 60% Rohrzucker), 0,5 bis 1% (und darüber) Äpfelsäure, 0,2 bis 0,3% (unreif bis 3%) Pektinstoffe, unter 0,1% Gerbstoffe, etwa 0,5% Stickstoffsubstanz, 1% Rohfaser, 0,3% Asche. Die Verwendung der Äpfel ist sehr mannigfach: sie dienen einerseits zum Frischgenuß (roh, gekocht oder gebraten), anderseits zur Herstellung von Obstkonserven (Dunstobst, Marmelade, Gelee, Mus und Apfelkraut) und Dörrobst (Ringäpfel, Bohräpfel, Apfelspalten[1]), endlich zur Herstellung von Apfelsaft (Süßmost), Apfelwein (Apfelmost, Most, Zider), Obstessig u. a. m. Apfelsaft, besonders solcher aus Fallobst und nicht ganz reifen Früchten, wird in der Obstkonservenindustrie als Geliersaft bei der Erzeugung von Jams und Marmeladen verwendet. Holzäpfel dienen außer zur Erzeugung von Obstessig auch bei der Obstweinbereitung zur Herstellung von Verschnittmosten für säurearme oder gerbstoffarme Moste bzw. Obstweine. Winteräpfel werden in baumreifem Zustande abgenommen und erlangen erst später nach Lagerung die Genußreife.

Produktions- und Handelsverhältnisse. Die heimische Produktion an Äpfeln vermag im Durchschnitt mehrerer Jahre den Inlandbedarf zu decken. Die Ausfuhr erfolgt vorwiegend nach Deutschland, Polen, Holland, Frankreich, den nordischen Staaten, auch nach der Tschechoslowakei, Ungarn und anderen Ländern. Die Einfuhr erfolgt besonders aus Ungarn (Frühäpfel) und Italien bzw. dem Etschgebiet (Spätäpfel), außerdem je nach Umständen aus Jugoslawien, Rumänien, der Schweiz und Rußland, von überseeischen Ländern aus Amerika (zumeist aus den Vereinigten Staaten Nordamerikas, aus Kanada und aus Chile), Afrika (vornehmlich aus der Südafrikanischen Union), Australien und Neuseeland. — Von einer Aufzählung einzelner Sorten muß wegen deren überaus großen Zahl abgesehen werden.

Handelsmäßig erfolgt die Beurteilung der Äpfel in zweierlei Richtung: einerseits nach Geschmack und Wert der betreffenden Sorte, anderseits innerhalb der Sorte nach Größe, Schönheit und einwandfreier Beschaffenheit der Früchte.

---

[1]) s. Heft XVII, „Dörrobst", S. 70.

Man unterscheidet im Marktverkehr folgende Qualitäten:

A. *Tafeläpfel*. Handgepflückte, gesunde, reine, sorgfältig behandelte, nach ihrer Größe, Güte und ihrem sonstigen Charakter sortierte, nach Wohlgeschmack und Aussehen für den Rohgenuß empfehlenswerte Früchte in entsprechendem Reifezustand. Sie werden in Kisten, Steigen, Körben oder Fässern verpackt oder in loser Schüttung (alla rinfusa) verladen. Als „Kistenware" werden solche Tafeläpfel bezeichnet, welche besonders sorgfältig ausgewählt, fehlerfrei und von gleicher Größe sind und in Kisten sorgfältig verpackt versendet werden.

Die Kistenware aus Oberitalien (hauptsächlich dem Etschtal) zerfällt weiter in „Auslese", „Kabinett", „Qualität I" und „Qualität II". Auslese sind ausgewählt schöne, große, reine Früchte von gleichmäßiger Farbe und Form. Kabinettware sind etwas kleinere, im übrigen wie Auslese beschaffene Früchte. Äpfel, die nicht die Größe der Kabinettware besitzen, gehören zu Qualität I oder (wenn noch etwas kleiner) zu Qualität II. Nicht schön gefärbte oder mit kleinen Baumflecken versehene Früchte der genannten vier Größenklassen werden mit * bzw. mit „B" bezeichnet. — Die aus Oberitalien kommende Faßware enthält reine, gleichgroße, jedoch nicht gleichfärbige Äpfel. Je nach ihrer Größe unterscheidet man die Qualitäten I, II und III. Mit Baumflecken oder sonstigen kleinen Mängeln behaftete Früchte werden je nach Größe mit I B, II B bzw. III B bezeichnet. Die Qualität III und die B-Qualitäten werden größtenteils in loser Schüttung (alla rinfusa) verladen.

Bei den aus den Vereinigten Staaten, aus Kanada und aus Australien eingeführten, in Kisten verpackten Tafeläpfeln unterscheidet man folgende vier Sortierungen: „extra fancy", d. s. ausgewählt schöne, gleichgroße, reine, gleichfärbige Äpfel; „fancy", d. s. gleichgroße, reine, jedoch weniger schön gefärbte Früchte; als „kombiniert" bezeichnet man eine Mischung der vorgenannten zwei Qualitäten; „C-Grad", d. s. der Sorte und Größe nach gleiche, aber in Form und Farbe verschiedene und mit kleinen Mängeln behaftete, jedoch wurmfreie Äpfel. Bei den amerikanischen und australischen Kistenäpfeln (bei C-Grad nicht immer) ist auf jeder einzelnen Kiste die Sorte, die Sortierung und die Stückzahl angegeben[1]). Sämtliche überseeische Kistenäpfel sind in Seidenpapier gewickelt. — Bei Faßware aus den Vereinigten Staaten unterscheidet man die Qualitäten „U. S. A. I" — diese müssen zu zwei Drittel färbig sein — und „Utility", diese müssen der Sorte nach zu mindestens einem Drittel färbig sein; wenn sie aber die Farbe wie U. S. A. I besitzen, können sie auch mit Schönheitsfehlern wie Baumflecken behaftet sein. Unter „Combs" (kombiniert) versteht man U. S. A. I mit Utility gemischt. Die Qualitätsbezeichnungen für Faß-

---

[1]) Alle im vorstehenden genannten Qualitätsbezeichnungen befinden sich im Flusse und sind häufigen Änderungen unterworfen.

ware aus Kanada sind „I“ für die erste Güte und „Domestic“ für die zweite Güte[1]). Innerhalb der einzelnen Qualitäten unterscheidet man bei den amerikanischen Faßäpfeln (sowohl aus den Vereinigten Staaten als auch aus Kanada) verschiedene Durchmessergrößen, und zwar von 2 bis $2^1/_4$, 2 bis $2^1/_2$, $2^1/_4$ bis $2^3/_4$, $2^1/_2$ bis 3 inches (1 inch, englischer Zoll = 2,54 cm).

Für die einzelnen Sorten der Tafeläpfel sind bestimmte Minimalgrößen üblich. Zur Ermöglichung einer einwandfreien Sortierung (bzw. Bestellung und Übernahme) nach Größe sind in Steiermark, im Burgenland und in der Schweiz Sortierringe eingeführt, mit einem Durchmesser von 55, 60, 65 und 70 mm; an jedem der 4 Ringe sind die wichtigsten Apfelsorten angeführt, für welche die betreffende Größe als Mindestmaß gilt. In Kärnten und anderwärts wird für den gleichen Zweck ein Sortierrahmen („Sortierleere“) mit verschieden großen Öffnungen benützt.

B. *Wirtschafts*- (oder *Koch*-) *Äpfel*. Das sind handgepflückte, gesunde, zum Frischgenuß und zu Wirtschaftszwecken (Kochzwecken) brauchbare Früchte von Sorten, die sich infolge ihres Geschmackes als Tafelobst minder eignen, ferner Früchte von Tafeläpfelsorten, die wegen weniger sorgfältiger Behandlung, wegen geringerer Schönheit und Größe oder sonstiger Mängel (z. B. Druck- und Baumflecke, vernarbte Hagelflecke, geringere Reinheit) den an Tafeläpfel gestellten Anforderungen nicht mehr entsprechen.

C. *Konserven*- (*Marmelade*-) *Äpfel*. Als solche werden Äpfel von vorwiegend säuerlichem Geschmack und grüner oder weißer Farbe gehandelt, die meist vor der Reife vom Baum abgeschüttelt werden oder abgefallen sind (Falläpfel).

D. *Most*- (*Preß*-) *Äpfel* sind geschüttelte Äpfel oder Falläpfel von säuerlichem Geschmack (ohne Sorten- und Größenzwang); sie müssen frisch, fäulnis-, erd- und laubfrei sein. Eine allfällige Beiladung süßer Äpfel ist perzentuell zu vereinbaren und ausdrücklich anzuführen.

Äpfel, die infolge ihrer Mängel für den menschlichen Genuß weder im rohen, noch im gekochten Zustande geeignet sind und sich auch nicht als Most- (Preß-) Äpfel verwenden lassen, sind noch zur Branntweinbrennerei verwendbar.

Von Pilzen befallene, angefaulte, durch Frost oder andere Ursachen „glasig“ gewordene oder mit sonstigen Fehlern behaftete Äpfel sind je nach dem Ausmaß der Schädigung minderwertig oder verdorben. Äpfel, die ohne Frosteinwirkung „glasig“ werden, können dadurch den Wohlgeschmack gänzlich einbüßen.

Anmerkung. Kirschäpfel, auch Azaroläpfel oder Lazaroli genannt, sind die Früchte des aus Asien stammenden, bei uns mitunter kultivierten

---

[1]) Alle im vorstehenden genannten Qualitätsbezeichnungen befinden sich im Flusse und sind häufigen Änderungen unterworfen.

Kirschapfelbaumes, Malus cerasifera Spach. Sie ähneln in der Gestalt einer großen Kirsche, sind meist gelb gefärbt und besitzen einen sehr langen Stiel. Sie eignen sich nicht zum Rohgenuß, sondern werden, wie die Früchte verschiedener Zieräpfel, nur als Dunstobst verwendet. — Im botanischen Sinne bezeichnet man als Azaroläpfel oder Lazaroli die ganz anders aussehenden, eher den Mispeln ähnlichen Früchte einer nur sehr selten kultivierten Weißdornart, des Azarol-Weißdornes, Crataegus azarolus L., die bei uns als Obst keine Rolle spielen (s. S. 11).

2. Birne

Birnen sind die Früchte des kultivierten Birnbaumes, Pirus communis L. (Fam. Rosaceae-Pomoideae-Sorbeae). Die Kulturbirnen stammen wahrscheinlich von mehreren verschiedenen, hauptsächlich in Vorderasien heimischen Birnenarten ab, so von Pirus cordata Desv., P. persica Pers., P. nivalis Jacq., und zum Teile auch von der in Mitteleuropa heimischen Holzbirne, P. piraster (L.) Borkh.

Größe, Gestalt, Oberflächenbeschaffenheit, Farbe und Konsistenz der Birnen sind je nach der Sorte verschieden. Im allgemeinen sind die Birnen verkehrt-eiförmig, kreiselförmig, rundlich oder kegelförmig bis länglich, meist gegen den Stiel zu mehr oder weniger verschmälert, am Grunde zumeist abgerundet, am Scheitel („Rose") nabelartig vertieft und von dem vertrockneten, fünfblättrigen Kelche gekrönt. Ihre Fruchthaut ist grün, grünlich, gelb, rot, bräunlich, manchmal mehrfärbig, stets kahl, dabei glatt oder etwas rauh. Das Fruchtfleisch ist brüchig, kernigweich oder halbschmelzend bis butterartig weich und zerfließend, sehr saftreich, von weißer oder gelblicher, sehr selten roter Farbe. Das Kerngehäuse ist weich-pergamentartig; seine fünf Fächer umschließen je zwei eiförmige, zusammengedrückte Samen. Im Fruchtfleisch der Birnen kommen nicht selten kleinere oder größere harte Bildungen („Steine"), bestehend aus Steinzellennestern vor, die die Früchte minderwertig machen. Der Geruch der Birnen ist angenehm, sehr verschieden, der Geschmack vorwaltend süß oder sehr süß, selten säuerlich; gewisse Sorten (Mostbirnen) sind erst im teigigen Zustande, in welchem das Fleisch braun und sehr saftreich geworden ist, genießbar. Die chemische Zusammensetzung der Birnen ist je nach Sorte, Standort und Jahrgang sehr verschieden. Im allgemeinen beträgt sie: 76 bis 85% Wasser, 7 bis 13% Gesamtzucker (hievon 10 bis 16% Rohrzucker), etwa 0,3% und mehr Äpfelsäure, bis 0,6% Pektinstoffe, unter 0,06% Gerbstoffe, 0,35% Stickstoffsubstanz, 2 bis 4% Rohfaser, rund 0,3% Asche. Der Pektinstoff der Birnen ist nicht gelierfähig. Die Birnen dienen einerseits zum Frischgenuß (roh oder gekocht), anderseits zur Herstellung von Konserven (Kompott, Dunstobst, weniger zu Marmelade und Mus), von Trocken- und Dörrobst (Dörrbirnen, Kletzen) sowie von Birnensaft (Süßmost), Obstwein („Birnmost"), Obstessig und Obstbranntwein. Zur Erzeugung von Mus und Marmelade sind die Birnen weniger geeignet als die Äpfel. —

Winterbirnen werden in baumreifem Zustande abgenommen und erlangen erst später nach Lagerung ihre Genußreife.

Produktions- und Handelsverhältnisse. Die Birnenproduktion Österreichs vermag im Durchschnitt den Bedarf nicht vollständig zu decken. Die ersten Birnen kommen Ende Juni, Anfang Juli auf den Markt. Birnen werden aus Italien (besonders dem Etschtal), aus Ungarn und aus der Tschechoslowakei (hauptsächlich Herbstbirnen), teilweise auch aus Amerika und Australien eingeführt. Die Beurteilung der Birnen in handelsmäßiger Beziehung erfolgt wie die der Äpfel in zweierlei Richtung: einerseits nach dem Geschmack und Wert der betreffenden Sorte, anderseits, innerhalb der Sorte, nach der Größe, Schönheit und einwandfreien Beschaffenheit der Früchte. Von einer Aufzählung von Sorten wird wegen deren großen Zahl abgesehen.

Man unterscheidet im Marktverkehr folgende Qualitäten:

A. *Tafelbirnen.* Handgepflückte, gesunde, reine, reife, mit entsprechender Sorgfalt behandelte, nach ihrer Sortengröße, Güte und ihrem sonstigen Sortencharakter sortierte, nach Wohlgeschmack und Aussehen für den Rohgenuß empfehlenswerte Früchte. Die Versendung der Birnen erfolgt je nach den Herkunftsländern sehr verschieden; die Birnen werden in Plateaux, Kisten, Steigen, Körben oder Fässern verpackt oder in loser Schüttung (alla rinfusa) verladen. Man unterscheidet bei den europäischen Tafelbirnen folgende Sortierungen: „Auslese", „Kabinett", „Qualität I" und „Qualität II". Die weitere Unterscheidung erfolgt nach den gleichen Gesichtspunkten wie bei den Äpfeln (vgl. S. 6). Die Verpackung erfolgt nach Übereinkommen, mit Ausnahme der amerikanischen und australischen Birnen, welche ausschließlich in Kistenverpackung gehandelt werden. Die Sortierung der amerikanischen und australischen Birnen ist die gleiche wie die der amerikanischen Kistenäpfel (vgl. S. 6).

B. *Wirtschafts-* (*Koch-*) *Birnen.* Handgepflückte, gesunde, zum Frischgenuß und zu Wirtschaftszwecken (Kochzwecken) brauchbare Früchte von Sorten, die sich infolge ihres Geschmackes als Tafelobst minder eignen, ferner Früchte von Tafelbirnensorten, die jedoch wegen weniger sorgfältiger Behandlung, wegen geringerer Schönheit und Größe oder wegen sonstiger Mängel (z. B. Druck- und Baumflecke, geringere Reinheit) den an Tafelbirnen gestellten Anforderungen nicht mehr entsprechen.

C. *Most-* (*Preß-*) *Birnen.* Früchte jener Sorten, welche sich im allgemeinen nur für Zwecke der Obstweinbereitung eignen. Manche Mostbirnen sind im überreifen (teigigen) Zustand auch für den unmittelbaren menschlichen Genuß geeignet.

3. Quitte

Quitten sind die auch in vollkommen reifem Zustande harten Früchte des bei uns kultivierten und auch verwildert vorkommenden

Quittenbaumes, Cydonia oblonga Mill. = C. vulgaris Pers. (Fam. Rosaceae-Pomoideae-Sorbeae), welcher aus Vorderasien stammt.

Quitten sind entweder eirund (Apfelquitten, Quittenäpfel, auch schlechtweg Quitten genannt) oder birnförmig (Birnquitten, Quittenbirnen), meist stumpf gerippt, am Scheitel nabelförmig eingezogen. Die Fruchthaut ist lederartig, goldgelb, flockig-filzig. Das Fruchtfleisch ist fest und kernig-hartfleischig, wenig saftig. Das Kerngehäuse ist weich-pergamentartig; seine fünf Fächer enthalten je 6 bis 14 fleischige, verkehrt-eiförmige, kantige oder keulenförmige Samen, die sich in Wasser mit einem Schleim umgeben. Der Geruch der Quitten ist kräftig und durchdringend, angenehm aromatisch, der Geschmack säuerlich-herb. Sie sind in rohem Zustande ungenießbar; nur im Orient werden einige roh-genießbare Sorten kultiviert. Die Quitten sind besonders reich an Pektinstoffen. Ihre chemische Zusammensetzung ist im allgemeinen folgende: 80 bis 85% Wasser, 5 bis 9% Gesamtzucker (davon etwa 20% Rohrzucker), 1% Äpfelsäure, unter 0,07% Gerbstoffe, 0,5 bis 0,8% Stickstoffsubstanz, 1 bis 2% Rohfaser, rund 0,5 bis 0,7% Asche. Die Quitten finden als Gelee („Quittenkäse"), dann als Mus, Kompott, Marmelade und als Quittensyrup Verwendung.

Produktions- und Handelsverhältnisse. Quitten kommen im Herbst zum Verkauf, sind aber als Handelsartikel zumeist von geringer Bedeutung. Sie stammen größtenteils aus dem Inlande, teilweise auch aus Ungarn, Rumänien, Jugoslawien und Italien. An Sorten unterscheidet man im Handel nur Apfel- und Birnquitten, bzw. Quittenäpfel und Quittenbirnen (siehe oben).

4. Mispel

Mispeln oder „Asperln" sind die Früchte (Steinäpfel) des Mispelstrauches, Mespilus germanica L. (Fam. Rosaceae-Pomoideae-Crataegeae), welcher aus Vorderasien stammt, in Mitteleuropa kultiviert wird und manchmal auch verwildert.

Mispeln sind walnußgroß, niedergedrückt-kugelig, an dem Scheitel („Rose") mit einer dem Durchmesser der Frucht gleichbreiten Scheibe und mit den fünf am Rande haftenden, vertrockneten, zusammenschließenden Kelchzipfeln versehen. Ihre Fruchthaut (Schale) ist lederartig, dunkelbraun. Das Fruchtfleisch ist braun, im überreifen Zustande teigig-weich. Es enthält kein einheitliches Kerngehäuse, sondern fünf von einander freie, beinharte Steinkerne (Fruchtfächer), die je einen Samen umschließen. Der Geruch ist in vollreifem Zustande obstmostartig, der Geschmack süß-säuerlich. Die chemische Zusammensetzung des Fruchtfleisches beträgt im allgemeinen: 70 bis 74% Wasser, 10 bis 12% Gesamtzucker (davon etwa 10% Rohrzucker), 1% Äpfelsäure, 0,2% Pektinstoffe, unter 0,05% Gerbstoffe, 0,5% Stickstoffsubstanz, 2 bis 3% Rohfaser, rund 0,6% Asche. Die teigig gewordenen Früchte enthalten Spuren von Alkohol. Die Mispeln geben einen sehr leicht gelierenden Saft. Sie dienen hauptsächlich zum Rohgenuß und zwar erst in teigig-weichem Zustande.

Produktions- und Handelsverhältnisse. Mispeln kommen nach den ersten Frösten auf den Markt, spielen hier aber nur eine untergeordnete Rolle. Als besondere Sorten wären die Riesenmispeln und die kernlosen Mispeln (var. abortiva) zu erwähnen.

Anmerkung. Die sogenannten „Welschen Mispeln“, Lazaroli, Lazeruoli oder Azaroli stammen aus Südeuropa und sind die den gewöhnlichen Mispeln in der Größe gleichenden und in den übrigen Eigenschaften sehr ähnlichen Früchte des Azarol-Weißdornes, Crataegus Azarolus L.; sie gelangen nur sehr selten nach Österreich und haben hier als Obst keine Bedeutung. Hingegen bezeichnet man als Azarolen auf dem Wiener Markte die Früchte des Kirschapfels, Malus cerasifera Spach (vgl. S. 8).

5. Japanische Mispel[1])

Japanische Mispeln, Nespoli del Giapone, Nespoli, Nespoloni[2]), fälschlich oft kurzweg als „Mispeln“ bezeichnet, sind die Früchte des Japanischen Wollmispelbaumes, Eriobotrya japonica (Thunb.) Lindl. (Fam. Rosaceae-Pomoideae-Sorbeae), eines in Japan heimischen, in den Mittelmeerländern und in Amerika kultivierten Kernobstbaumes.

Die Japanischen Mispeln sind länglich-eiförmig, eirundlich bis fast kugelig, etwa 3 bis 6 cm lang und 3 bis 5 cm breit, am Scheitel abgeflacht oder eingedrückt, mit einer von dem undeutlich fünfzipfeligen, braungrünen, wollig-behaarten Kelche verschlossenen Höhlung, am Grunde häufig noch mit einem Stück des auffallend dicken, zum Teile wollig behaarten, grünen oder braungrünen Fruchtstieles in Verbindung. Die Oberfläche der Frucht ist glänzend orangegelb, mit weißen und zum Teil auch braunen Punkten und, mit Ausnahme des meist grauweiß-wolligen Scheitels, kahl. Das Kerngehäuse ist auffallend groß, sehr dünnhäutig, meist zwei- bis dreifächerig, seltener fünffächerig. Es wird an den Seiten und am Grunde von dem etwa 6 bis 10 mm dicken, blaß-orangegelben, sehr saftigen Fruchtfleisch umgeben, am Scheitel aber nur von einer dünnen, außen behaarten Scheibe bedeckt. Die Samen (Kerne) sind sehr groß, gerundet-kantig, mit gewölbter Außenseite, glatt, glänzend rehbraun, weißlich gescheckt, mit dünner Samenhaut, innen hart-fleischig, weiß und zum Teil oberflächlich pistaziengrün. Die Fruchthaut schmeckt herb, das Fruchtfleisch hingegen angenehm süß-säuerlich. Letzteres enthält etwa 10% Zucker, rund 0,6% freie Säure (Äpfelsäure und Zitronensäure), rund 0,3% Pektinstoffe.

---

[1]) In Rücksicht auf die Verwandtschaft mit der eigentlichen Mispel und in Übereinstimmung mit dem handelsüblichen Sprachgebrauch wird die Japanische Mispel hier unter dem Kernobst behandelt, obwohl sie aus dem Süden eingeführt wird.

[2]) Bezeichnung für großfrüchtige Sorten.

Die Verwendung ist beschränkt; die Früchte werden nur im frischen Zustande genossen. Sie sind wenig haltbar.

Produktions- und Handelsverhältnisse. Die Japanischen Mispeln kommen von April bis Juni in den Handel und zwar in zwei Sorten: die eigentlichen Nespoli (verhältnismäßig kleinfrüchtig) und die Nespoloni (großfrüchtig). Sie werden aus Italien, besonders aus Sizilien eingeführt.

6. Speierling

Speierling, Arschitzen, Aschitzen, auch Spierling, Edelspierling oder Sorbe[1]) sind die Früchte des Speierlingbaumes, Sorbus domestica L. (Fam. Rosaceae-Pomoideae-Sorbeae). Er ist in Südeuropa und den Mittelmeerländern heimisch, wird auch bei uns kultiviert und findet sich gelegentlich auch verwildert.

Die Speierlinge sind bald kugelig-apfelartig, bald birnförmig, 2 bis 5 cm im Durchmesser haltend, drei- bis fünffächerig. Ihre Oberfläche ist in frischem Zustande glatt, grünlich-gelb, auf der Sonnenseite rot. Das Fruchtfleisch ist anfangs gelblich oder grünlichgelb und hart; später wird es braun und teigig-weich. Beim Lagern treten an der Oberfläche braune und weiße Punkte hervor. Der Geschmack ist angenehm, etwas herb und säuerlich. Die chemische Zusammensetzung ist folgende: 68 bis 70% Wasser, 11 bis 14% Gesamtzucker (davon etwa 20% Rohrzucker), etwa 0,5 bis 1% Äpfelsäure, 0,3 bis 0,5% Gerbstoff, 0,5 bis 0,8% Stickstoffsubstanz, 3 bis 4% Rohfaser, rund 0,6% Asche. Zum Frischgenuß eignen sich nur die teigig-weich gewordenen Früchte. Außerdem werden die Speierlinge als Einmachobst und in der Likörfabrikation verwendet.

Produktions- und Handelsverhältnisse. Die Speierlinge werden im Inland gelegentlich in den Obst- und Weingärten gepflanzt. Sie kommen im Herbst auf den Markt und zwar hauptsächlich aus Italien (Neapel und Sizilien).

7. Vogelbeere

Vogelbeeren oder Ebereschen sind die Früchte des bei uns einheimischen Ebereschen- oder Vogelbeerbaumes, Sorbus aucuparia L. (Fam. Rosaceae-Pomoideae-Sorbeae), insbesondere der süßfrüchtigen Varietäten desselben (var. moravica Zengerling und var. rossica Späth et Koehne, beide mitunter als var. dulcis Krätzl zusammengefaßt).

Vogelbeeren sind fast kugelig, mit einem Durchmesser von 7 bis 8 mm, bei der süßen Eberesche von etwa 15 mm; an der Spitze sind sie von den erhärteten 5 Kelchblättern gekrönt; sie besitzen ein weiches Fruchtfleisch und mehrere, in 3 bis 5 verhältnismäßig weichen Fruchtfächern liegende Samen. Ihre Farbe ist orangerot bis leuchtend schar-

---

[1]) Bezeichnet hauptsächlich großfrüchtige, aus Italien eingeführte Sorten.

lachrot. Die Früchte sind in großer Zahl zu schirmförmigen Doldentrauben vereinigt. Die chemische Zusammensetzung der Vogelbeeren
ist folgende: etwa 80% Wasser, 5 bis 9% Gesamtzucker (davon etwa
10% Rohrzucker), etwa 1 bis 1,5% freie Säure (Äpfelsäure und etwas
Zitronensäure), 0,4% Pektinstoffe, 0,2% Gerbstoffe, 1% Stickstoffsubstanz, 2% Rohfaser, rund 0,7 bis 0,8% Asche. Die Früchte der
Eberesche werden bis zum Eintritt des Frostes auf den Bäumen belassen
und dann geerntet. Der Geschmack derart geernteter Früchte ist süß und
aromatisch. Sie finden zur Erzeugung von Obstwein, Fruchtlikör,
Kompott und Jams Verwendung; hauptsächlich aber werden sie zur
Erzeugung von Branntwein (Vogelbeer, Jarzebinka) und Likör
benützt.

Produktions- und Handelsverhältnisse. Die Ebereschen
werden auch an mindergünstigen Standorten, z. B. an Straßen in
rauhen Lagen angepflanzt. Auf den Märkten kommen sie nur selten
und in bescheidenen Mengen vor.

8. Elsbeere

Elsbeeren, Elz-, Adlers- oder Atlasbeeren sind die Früchte des
bei uns einheimischen und auch kultivierten Elsbeerbaumes oder
Atlasbeerbaumes, Sorbus torminalis (L.) Crantz (Fam. Rosaceae-
Pomoideae-Sorbeae).

Die Elsbeeren haben die Größe von Vogelbeeren, sind verkehrt-
eiförmig oder fast kugelig, an kleine Äpfelchen erinnernd, bei der Reife
braun mit weißen Punkten, zart behaart, am Scheitel mit dem becken-
förmigen Kelchrest gekrönt, zweifächerig, die dünnen Fruchtfächer in
der Mitte der Frucht spaltenförmig auseinandertretend. Durch Frost
werden sie teigig und schmecken dann angenehm säuerlich. Sie enthalten
zirka 73% Wasser und sind im übrigen in ihrer chemischen Zusammensetzung den Vogelbeeren sehr ähnlich. Die Elsbeeren werden mitunter
zum Rohgenuß, häufig aber zur Branntweinerzeugung verwendet.

Produktions- und Handelsverhältnisse. Elsbeeren kommen
nur aus dem Inlande und zwar nach den ersten Frösten auf den Markt;
sie werden meist in Büscheln verkauft, die durch Zusammenbinden der
langen, fast glatten Stiele der armfrüchtigen Doldentrauben hergestellt
werden.

Anmerkung. Genießbare Kernobstfrüchte von geringerer Größe
sind ferner die Mehlbeeren und die Felsenbirnen. — Mehlbeeren sind die
Früchte des Gemeinen Mehlbeerbaumes, Sorbus Aria (L.) Cr., und des
Alpen-Mehlbeerbaumes, Sorbus Mougeoti Soy.-Will. et Godr.; beide
Bäume sind in Österreich heimisch. Die Mehlbeeren sind kugelig oder
kugelig-eiförmig, etwa 1$^1/_2$ cm lang, orange bis scharlachrot und haben ein
gelbes, mehliges, fade schmeckendes Fruchtfleisch. — Felsenbirnen,
auch Felsenmispeln oder Gamsbeeren genannt, sind die Früchte von Ame-
lanchier ovalis Medic., eines bei uns zumeist „Edelweißstrauch" genannten

einheimischen Strauches. Sie sind kugelig, von den bleibenden Kelchblättern gekrönt, schwarz, bläulich bereift und enthalten meist 10 Kerne;
ihr spärliches Fruchtfleisch ist saftig und schmeckt süß. — Mehlbeeren
und Felsenbirnen werden nur an wildwachsenden Pflanzen gesammelt, sind
genießbar, aber geringwertig. Marktgängig sind die Mehlbeeren nur in
Tirol, die Felsenbirnen in Österreich überhaupt nicht.

B. Steinobst

Die Früchte aller zum Steinobst gezählten Obstarten sind Steinfrüchte. Darunter versteht man Früchte, deren Fruchtwand sich aus
drei Gewebeschichten zusammensetzt, von denen die äußere eine
häutige Schale darstellt, während die zweite oder Mittelschicht meist
sehr mächtig entwickelt, großzellig und saftreich ist („Fruchtfleisch")
und die dritte oder Innenschicht, die sogenannte „Steinschale" oder
der „Steinkern", aus einem Steinzellengewebe besteht, das eine harte
Hülle um den gewöhnlich weichen Samen bildet. Die Steinobstarten
gehören botanisch fast durchwegs zur Unterfamilie Prunoideae der
Familie Rosaceae und zwar zur Gattung Prunus; eine Ausnahme bildet
nur die Kornelkirsche, welche zu den Cornaceae gehört.

Die Samen fast sämtlicher Prunus-Arten enthalten in größerer
oder geringerer Menge als charakteristischen chemischen Stoff das
Glykosid „Amygdalin", welches sehr leicht chemische Veränderungen
eingeht, die zur Abspaltung von Bittermandelöl (Benzaldehyd) und
von Blausäure führen. Deshalb ist der Genuß größerer Mengen von
Steinobstsamen gesundheitsgefährlich. Durch Destillation der Samen
(besonders der Kirschensamen) mit Wasser läßt sich ein blausäure-
hältiges Produkt gewinnen.

9. Pfirsich

Pfirsiche sind die Früchte des kultivierten Pfirsichbaumes, Prunus
Persica (L.) Stokes (Amygdalus Persica L., Fam. Rosaceae-Prunoideae).
Er stammt aus Nordostchina, wurde aber bereits im Altertum nach
Vorderasien (Persien) eingeführt, von wo er bald darauf nach Europa
gelangte.

Die Pfirsiche sind kugelig, von verschiedener Größe und Färbung,
auf einer Seite mit einer Längsfurche versehen, meist samtartig-filzig,
seltener kahl [„Nektarinen" und „Brügnolen", P. Persica var. nuci-
persica (L.) C. K. Schneider oder var. nectarina (Aiton) Maxim.]. Ihr
Fruchtfleisch ist saftig, teils weich, vom Kerne sich lösend („Kerngeher"), teils härter, am Kerne haftend („Härtlinge" und „Duranzen"),
von weißer, gelber, grünlicher oder roter Farbe. Der Steinkern ist
bis 4 cm lang, außerordentlich hart, rundlich, etwas zusammengedrückt,
an der einen Längskante gefurcht, an der anderen gekielt, durch laby-
rinthartig gewundene Furchen gerunzelt und durch kleine Löcher
punktiert. Bei Frühpfirsichen kommt es vor, daß sich der Kern der

Länge nach spaltet und die beiden Hälften fest am Fruchtfleisch haften. Der Geschmack der Pfirsiche ist aromatisch, süß bis süß-säuerlich; der Geruch sehr angenehm. Die chemische Zusammensetzung des Fruchtfleisches ist im allgemeinen folgende: 82 bis 87% Wasser, 9 bis 11% Gesamtzucker (davon über 50% Rohrzucker), 1% freie Säure (Äpfelsäure und Zitronensäure), 0,4% Pektinstoffe, 0,1% Gerbstoffe, etwa 1% Stickstoffsubstanz, 1% Rohfaser, rund 0,6% Asche. Die Pfirsiche werden als Tafelobst und als Dunstobst sehr geschätzt und teilweise auch getrocknet. Es kommt vor, daß Pfirsiche von der Schädlingsbekämpfung her oder zu Konservierungszwecken mit Schwefelpulver bestäubt sind; dieses ist vor Abgabe an den Verbraucher zu entfernen (abzubürsten).

Produktions- und Handelsverhältnisse. Die zahlreichen im Handel vorkommenden Sorten werden sowohl pomologisch als auch handelsmäßig verschieden bezeichnet. Man unterscheidet: „Kerngeher“, Früchte mit behaarter Schale und vom Kerne sich lösendem Fleische; „Härtlinge“, Früchte mit behaarter Schale und vom Kerne sich nicht ablösendem Fleische (hieher gehören unter anderen die gelbfleischigen italienischen Duranzen); „Nektarinen“, glatte (unbehaarte) Früchte mit vom Kerne sich ablösendem Fleische; „Brügnolen“, glatte (unbehaarte) Früchte mit vom Kerne sich nicht ablösendem Fleische.

Die Pfirsiche unserer Märkte stammen aus Österreich (besonders Wachau, östliches Niederösterreich und Burgenland), aus Italien (besonders Treviso, Provinz Venezien), ferner aus Ungarn, Jugoslawien, Bulgarien, Frankreich, Amerika und dem Kaplande. Im Handel findet man die österreichischen Pfirsiche von etwa Mitte Juli (mitunter auch früher) bis Anfang Oktober, die italienischen Pfirsiche ungefähr von der ersten Hälfte Juni bis September oder Oktober, mitunter auch früher, die ungarischen von Anfang Juli an. Vom Kapland können schon von Mitte Dezember an Pfirsiche auf den Markt kommen. Zu Kompott sind besonders die sogenannten „Weingartenpfirsiche“, eine kleinfrüchtige, grünliche Sorte beliebt.

Verpackt werden Pfirsiche in Plateaux (zu 1 bis 3 Lagen), in kleinen Körben und in Steigen, vereinzelt auch in Butten (Ware aus dem Nahverkehr). Über Kühlhausware siehe unter „5. Regelung des Verkehrs“, S. 77.

10. Marille

Marillen oder Aprikosen sind die Früchte des bei uns im warmen Obstbaugebiet (Weingebiet) kultivierten Marillenbaumes oder Aprikosenbaumes, Prunus Armeniaca L. (Fam. Rosaceae-Prunoideae). Er stammt aus Zentralasien und Westchina, wurde aber bereits im Altertum nach Vorderasien eingeführt, von wo er bald darauf nach Europa gelangte.

Marillen sind meist kugelig oder eirund, am Grunde eingedrückt, auf einer Seite mit einer Längsfurche versehen, samtartig behaart, weißlichgelb bis dunkelorangegelb, auf der Sonnenseite meist gerötet. Ihr Fruchtfleisch ist saftig, mitunter etwas mehlig, weißlichgelb bis dunkelorangegelb. Der Steinkern ist eirund, seitlich zusammengedrückt, auf der einen Längskante gefurcht, auf der anderen zwischen zwei Furchen gekielt, sehr leicht netzig-grubig; er enthält einen oder zwei mandelähnliche Samen. Die kultivierten Sorten der Aprikosen unterscheiden sich durch die Gestalt und Farbe der Früchte, sowie durch den Geschmack des Fruchtfleisches. Ihr Geschmack ist süß und aromatisch. Die chemische Zusammensetzung des Fruchtfleisches ist im allgemeinen folgende: 83 bis 88% Wasser, 5 bis 10% Gesamtzucker (davon bis zu 50% Rohrzucker), 1% Äpfelsäure, 0,4% Pektinstoffe, 0,1% Gerbstoffe, 1% Stickstoffsubstanz, 1% Rohfaser, 0,6% Asche. Die Marille (Aprikose) zählt bekanntlich zu den feinsten Obstarten der warmgemäßigten Zone. Sie wird zum Rohgenusse und zur Erzeugung von Dunstobst, Jams und Marmelade (vgl. Heft XV, „Marmeladen") sowie zum Dörren (vgl. Heft XVII, „Dörrobst") und zur Likörerzeugung verwendet.

Produktions- und Handelsverhältnisse. Die spanischen und italienischen Aprikosen gelangen bereits im Mai auf den Markt; später kommen die Aprikosen aus Jugoslawien (besonders Novisad und Subotica) und Ungarn (hauptsächlich Kecskemet); Ende Juli folgen die einheimischen Aprikosen (besonders aus der Wachau, dem Burgenland und südöstlichen Niederösterreich).

Im Handel unterscheidet man hauptsächlich zwischen Tafelfrüchten, Dunstfrüchten und Marmeladefrüchten. Als Tafelfrüchte werden reife, reine, genügend weiche, für den Rohgenuß geeignete Früchte verwendet. Ihre Verpackung ist die gleiche wie die der Pfirsiche. Als Dunstfrüchte werden harte, erst baumreife, reine, größere Früchte genommen. Für Marmeladezwecke verwendet man vollreife, kleine und große Früchte. Früchte, die infolge zu starker Überreife oder wesentlicher Beschädigungen sich für keinen der drei genannten Zwecke mehr eignen, finden in der Branntweinbrennerei Verwendung.

Über Kühlhausware siehe unter „5. Regelung des Verkehrs", S. 77.

11. Zwetschke

Zwetschken oder Hauszwetschken, im Auslande häufig auch Pflaumen genannt (nicht identisch mit den Pflaumen des österreichischen Sprachgebrauches, vgl. S. 17), sind die reifen Steinfrüchte des bei uns allgemein in mehreren Sorten kultivierten Zwetschkenbaumes, Prunus domestica L. (Prunus oeconomica Borkh., Fam. Rosaceae-Prunoideae). Die Heimat des Zwetschkenbaumes ist wahrscheinlich der Kaukasus. Die Einführung nach Europa erfolgte vielleicht nicht, wie bei der Pflaume, im Altertum über die südeuropäischen Kulturländer, sondern erst im Mittelalter durch asiatische Völkerschaften über die unteren Donauländer und Ungarn.

Zwetschken sind eirundlich bis eiförmig-länglich, violettblau bis schwarzblau, violett oder rötlich, selten gelb (Kaiserzwetschke), kahl, mehr oder weniger stark bereift („angereimt")[1]. Das Fruchtfleisch ist dunkelgelb oder grünlichgelb, sehr saftig und läßt sich im ausgereiften Zustande leicht (schon bei Druck von den beiden Spitzen aus) vom Kern ablösen. Der Kern ist stark zusammengedrückt, länglich, beiderseits spitz, auf der einen Längskante schmal gefurcht, auf der anderen Seite scharf gekielt und enthält einen Samen. Der Geschmack der Zwetschken ist im reifen Zustande sehr süß und angenehm. Die chemische Zusammensetzung ist im allgemeinen: 81 bis 85% Wasser, 6 bis 11% Gesamtzucker (davon 20 bis 30% und mehr Rohrzucker), 1% Äpfelsäure, 0,4% Pektinstoffe, 0,05% Gerbstoffe, 1% Stickstoffsubstanz, 1% Rohfaser, etwa 0,5 bis 1,2% Asche. Die Zwetschken spielen für den Rohgenuß und in der Küche eine hervorragende Rolle, ferner werden sie gedörrt (vgl. Heft XVII, „Dörrobst"), zur Erzeugung von Zwetschkenmus (Powidl, Lekvar) verwendet (vgl. Heft XV, „Marmeladen"), in verschiedener Weise eingelegt (Dunstobst, Essigobst), endlich zu Branntwein (Slibowitz) verarbeitet (vgl. Heft XXXIII, „Spirituosen"). Die für den Rohgenuß bestimmten Zwetschken müssen vollreif sein. Über „Prünellen" vgl. Heft XVII, „Dörrobst".

Produktions- und Handelsverhältnisse. Die in den Handel kommenden Zwetschken stammen aus dem Inlande, aus Italien, Ungarn, Jugoslawien (Serbien, Bosnien, Syrmien), Bulgarien, Rumänien und der Tschechoslowakei (Mähren, Böhmen). Die serbische und bosnische Ware erscheint gegen Ende August, die inländische Ware im September auf dem Markt. Die Versendung erfolgt in Körben, Steigen und Kisten, selten in anderen Behältnissen, für Industriezwecke auch unverpackt oder in offenen Bottichen u. dgl. Veredelte großfrüchtige Zwetschken werden als „Pölzzwetschken" gehandelt.

12. Pflaume

Pflaumen, und zwar Eierpflaumen, Reineclauden („Ringlotten"), Mirabellen, Kriecherln (Haferpflaumen) und „Burbanks Blaue" sind die Früchte kultivierter Varietäten des Pflaumenbaumes (Haferschlehen- oder Kriechenbaumes), Prunus insititia L. (Fam. Rosaceae-Prunoideae). Seine ursprüngliche Heimat ist Vorderasien; von dort aus wurde er schon im Altertum nach Südeuropa eingeführt und ist daselbst jetzt ganz eingebürgert. Auch bei uns verwildert er manchmal aus Kulturen. Die zahlreichen Kultursorten verteilen sich auf drei Hauptvarietäten: 1. Blaue Pflaumen, Prunus insititia var. nigra (Rchb.) A. et G. (Frucht

---

[1]) Bei bosnischen und altserbischen Zwetschken ist die als Reif („Reim") bezeichnete Wachsausscheidung mitunter so stark, daß sie sich abschaben läßt.

kugelig oder fast kugelig, blauschwarz); 2. Mirabellen, P. ins. var. syriaca (Borkh.) Koehne (Frucht kugelig, gelb oder rötlichgelb, häufig punktiert); 3. Reineclauden, P. ins. var. italica (Borkh.) A. et G. (Frucht kugelig bis eiförmig, meist größer als bei den vorigen, grün oder auch andersfärbig). Die Grenzen dieser Hauptvarietäten sind aber infolge zahlreicher Kreuzungen stark verwischt. Auch Bastarde mit der Zwetschke sind in Kultur.

Pflaumen sind in Größe, Form und Farbe sehr verschieden. Sie sind kugelig bis eirundlich, blaßgelb, goldgelb, grünlichgelb, grün, rot, rotbraun, blaurötlich, blau bis schwarzblau, auch bunt (grün oder gelb mit roten Punkten), zumeist etwas bereift („bereimt"). Ihr Fruchtfleisch ist weich, sehr saftig und löst sich zumeist nicht vollständig vom Kern. Dieser ist rundlich, nur wenig zusammengedrückt, am Rande abgesetzt kantig. Pflaumen, Mirabellen und Reineclauden ähneln in der Zusammensetzung den Zwetschken. Die chemische Zusammensetzung ihres Fruchtfleisches ist im allgemeinen: 77 bis 88% Wasser, 7 bis 14% Gesamtzucker (davon bis zu 50% Rohrzucker), etwa 0,8 bis 1,2% Äpfelsäure, 0,3% Pektinstoffe, 0,1% Gerbstoffe, 0,5% Stickstoffsubstanz, 0,5% Rohfaser, rund 0,2% Asche. Die Pflaumen werden zum Rohgenusse (nur im vollreifen Zustand!) und in der Küche verwendet; einzelne Sorten, Perdigron und Katharinenpflaumen, werden auf Prünellen (vgl. S. 17) verarbeitet; Mirabellen und Reineclauden geben sehr feine Kompotte, Jams und Marmeladen. Auch zur Branntweinbrennerei werden Pflaumen (in geringerem Umfange als Zwetschken) verwendet.

Produktions- und Handelsverhältnisse. Die inländische Produktion vermag den Bedarf an Reineclauden und Mirabellen nicht zu decken. Anfang Juli kommen die italienischen, dann die ungarischen, jugoslawischen und rumänischen und schließlich die einheimischen Pflaumen auf den Markt. Die Verpackung erfolgt auf weitere Entfernungen in Plateaux, Steigen und Körben, im Nahverkehr auch in anderen Behältnissen.

13. Schlehe

Schlehen, Schledern oder Schlehbeeren sind die Steinfrüchte des Schlehdorns, Schlehenstrauches oder Schwarzdorns, Prunus spinosa L. (Fam. Rosaceae-Prunoideae). Dieser Strauch ist bei uns heimisch und wächst in manchen Gegenden sehr häufig.

Schlehen sind kugelig, mit einem Durchmesser von etwa 10 bis 15 mm, blauschwarz, graublau bereift, kleinen Pflaumen vergleichbar. Das Fruchtfleisch ist grünlich und haftet fest am Steinkern. Dieser ist abgeflacht-kugelig, etwa 7,5 bis 10 mm lang und 6 bis 8 mm breit, zugespitzt, glatt. Schlehen sind fast geruchlos; sie schmecken zunächst sauer und herb und werden erst nach Einwirkung von Frost süß und wohlschmeckend. Sie werden auch erst nach Einwirkung von Frost („vom Reif gebrannt") gepflückt und in diesem Zustande gegessen. Ferner werden sie gekocht und in Zucker eingekocht genossen und zur Herstellung von Marmelade, Branntwein und Likör verwendet.

Produktions- und Handelsverhältnisse. Schlehen werden nur an wildwachsenden Sträuchern geerntet und gelangen nur in geringen Mengen auf solchen Märkten, die von der Landbevölkerung beschickt werden, zum Verkauf. Sie werden nach Gewicht oder nach Hohlmaß (Liter) gehandelt.

14. Kirsche

Kirschen sind die Steinfrüchte des in vielen Sorten kultivierten Süßkirschenbaumes, Prunus avium L. (Fam. Rosaceae-Prunoideae). Der wilde Kirschbaum ist in Mittel- und Südeuropa und in Vorderasien heimisch; er wurde in Vorderasien zuerst in Kultur genommen und von dort aus sind bereits im Altertum kultivierte Sorten nach Europa gelangt.

Kirschen sind kugelig, eiförmig oder fast herzförmig, gelblichweiß, gelb, rot bis schwarz, auch bunt (weiß und rot gesprenkelt), stets glatt und kahl, nicht bereift. Ihr Fruchtfleisch ist farblos oder färbend, saftig, teils weich, teils fest, etwas brüchig („knackend"; „krammelnd"). Der Steinkern ist rund und glatt. Pomologisch werden die weichfleischigen Kirschen als Herzkirschen, Prunus avium var. Juliana (L.) Beck, die hartfleischigen als Knorpelkirschen („Krammelkirschen"), Prunus avium var. duracina (L.) Beck zusammengefaßt, doch schwanken die Bezeichnungen in den verschiedenen Gegenden. Im Handel pflegt man zu unterscheiden zwischen den weichen Kirschen, den mittelharten Herzkirschen und Einsiedekirschen und den harten Knorpelkirschen (Krammelkirschen). Die Früchte des wilden Kirschbaumes, Prunus avium var. actiana (L.) C. Schneider oder var. silvestris (Kirschl.) Dierb., die sogenannten „Waldkirschen" oder „Vogelkirschen", sind viel kleiner als die kultivierten Kirschen und meist schwarz. Die Kirschen haben einen süßen Geschmack; die Früchte des wilden Kirschbaumes schmecken bitterlich-süß. Die chemische Zusammensetzung der Kirschen beträgt im allgemeinen: 76 bis 84% Wasser, 8 bis 14% Gesamtzucker (davon etwa 20% Rohrzucker), etwa 0,5 bis 1,5% Äpfelsäure, 0,3% Pektinstoffe, 0,1% Gerbstoffe, 1% Stickstoffsubstanz, 0,5% Rohfaser, 0,3 bis 0,5% Asche. Die Kirschen werden in frischem und getrocknetem Zustande, als Kompott, sowie als Zutat zu Mehlspeisen genossen. In der Obstverwertung werden die Kirschen zu Dunstobst, zu Jam, zur Bereitung von Fruchtsäften und zur Herstellung von Branntwein (Kirschgeist) und Likören verwendet. Durch Einkochen mit Zucker läßt sich auch ein Erzeugnis herstellen, das, zum Gebrauche mit Wasser verdünnt, nach Art des „Sorbet" oder „Scherbet" der Orientalen genossen wird.

Produktions- und Handelsverhältnisse. Die heimische Produktion vermag den Bedarf an Kirschen nicht zu decken. Die Kirschen kommen zuerst aus Frankreich („Primeurs", in kleinen Mengen), dann aus Italien und Jugoslawien, schließlich aus der Tschechoslowakei und dem Inlande auf den Markt (heimische Frühsorten mitunter schon zugleich mit italienischen Kirschen). Die Verpackung erfolgt in Schachteln (für die ersten Frühkirschen), Steigen und Körben, im Nahverkehr auch in anderen Behältnissen, Frühkirschen im Kleinverkehr auch auf Holzstäbchen gereiht.

15. Weichsel

Weichseln oder Sauerkirschen sind die Früchte des in zahlreichen Kulturformen gezogenen Weichselbaumes, Prunus Cerasus L. (Cerasus vulgaris Mill., Fam. Rosaceae-Prunoideae). Er ist in Vorderasien heimisch, von wo er bereits im Altertum nach Europa eingeführt wurde.

Weichseln sind kugelig bis niedergedrückt-kugelig, mit einer schwachen Längsfurche versehen, hell- oder dunkelrot bis purpurschwarz, auch gelb, glänzend, nicht bereift. Ihr Fruchtfleisch ist sehr saftig, ihr Steinkern schief-rundlich, sehr kurz zugespitzt, kaum zusammengedrückt, glatt, mit hervortretenden Nähten versehen, einsamig. Der Geschmack der Weichseln ist sauer oder süßlich-sauer. Die Zusammensetzung ist jener der Kirsche ähnlich: 80 bis 87% Wasser, 7 bis 10% Gesamtzucker (vorwiegend Invertzucker, nur wenig Rohrzucker), 1,5 bis 3% freie Säure (Äpfelsäure und etwas Zitronensäure), 0,1% Pektinstoffe, 0,2% Gerbstoffe, 1% Stickstoffsubstanz, 0,5% Rohfaser, 0,5% Asche. Die Verwendung der Weichseln ist jener der Kirschen im allgemeinen ähnlich. Die Strauchweichseln (siehe unten) dienen zum Ansetzen von Branntwein und zur Herstellung von Fruchteis. Die dalmatinische Weichsel oder Maraske, Prunus cerasus var. marasca (Host) Vis., findet bei der Erzeugung von Maraschino (vgl. Heft XXXIII, „Spirituosen") und als Dörrware (vgl. Heft XVII, „Dörrobst") Verwendung.

Produktions- und Handelsverhältnisse. Die zahlreichen im Handel vorkommenden Weichselsorten stammen wahrscheinlich von verschiedenen wilden Weichselvarietäten und zum Teil auch von Bastarden zwischen Weichsel und Kirsche. Pomologisch werden die bei uns kultivierten Weichseln in vier Gruppen eingeteilt: a) mit baumartigem Wuchs und süßlichem Fruchtfleisch (Baumweichseln): 1. die Süßweichseln, Prunus cerasus var. austera L., mit dunkler Haut und färbendem Saft; 2. die Glaskirschen (Glasweichseln, auch spanische Weichseln genannt), P. c. var. caproniana L., mit heller Haut und nicht färbendem Saft; b) mit mehr strauchartigem Wuchs und stärker saurem Fruchtfleisch (Strauchweichseln, P. c. var. frutescens Neilr.): 3. die Sauerweichseln mit dunkler Haut und färbendem Saft; 4. die Amarellen (Ammern) mit heller Haut und nicht färbendem Saft. — Die echte spanische Weichsel ist eine ganz bestimmte (frühreife) Sorte von Glaskirschen, deren Name aber vielfach für alle Glaskirschen angewendet wird. Die Schattenmorelle, die Ostheimer Weichsel und die Maraske sind Weichselsorten, die zu den Strauchweichseln (und zwar Sauerweichseln) gehören.

Im Handel unterscheidet man lediglich: 1. Weichseln (Morellen), 2. Amarellen und Glaskirschen (sogenannte spanische Weichseln), 3. Waldweichseln (d. s. kleinfrüchtige Sorten).

Ende Juni kommen die italienischen, dann folgen die ungarischen und später die einheimischen Weichseln auf die inländischen Märkte. Die Verpackung gleicht jener der Kirschen.

Anmerkung. Die Zwergweichseln, d. s. die Früchte des im östlichen Niederösterreich wild wachsenden Zwergweichselstrauches, Prunus fruticosa Pall. (P. chamaecerasus Jacq.), sind kleinen Weichseln ähnlich und gleichfalls genießbar, bilden aber bei uns keinen Handelsartikel.

16. Kornelkirsche

Kornelkirschen, Dirlitzen oder „Dirndln" sind die Steinfrüchte des Gelben Hartriegels, Cornus mas L. (Fam. Cornaceae).

Kornelkirschen sind ellipsoidisch-länglich mit geringer Neigung zur Eiform, bis 2 cm lang, 1,2 bis 1,5 cm breit; am Grunde sind sie oft noch mit dem ziemlich kurzen, grünen Stiel versehen; am Scheitel haben sie eine dellenartige[1]) Vertiefung, in die vier runde Furchen enden und in deren Mitte ein kleiner Narbenrest vorhanden ist. Ihre Oberfläche ist blutrot, glatt und glänzend. Ihr Fruchtfleisch ist wenig umfangreich, etwas hart. Der Steinkern ist relativ groß, spindelig, zur Hälfte zweifurchig, auf der anderen Hälfte mit zwei gegenüberstehenden, etwas hervorragenden breiten Leisten versehen, in der dicken Steinwand reichlich mit großen Poren ausgestattet, meist zweifächerig und zweisamig. Der Geschmack der Kornelkirschen ist sauer. Die Zusammensetzung ihres Fruchtfleisches ist folgende: 75 bis 82% Wasser, 8 bis 10% Gesamtzucker (davon etwa 20% Rohrzucker), 1,3% organische Säuren, 0,1 bis 0,6% Gerbstoffe, 0,3 bis 0,5% Stickstoffsubstanz, 0,7 bis 0,8% Asche. Die Kornelkirschen werden zumeist eingemacht als Kompott genossen oder zur Branntwein- und Essigerzeugung verwendet.

Produktions- und Handelsverhältnisse. Die im Inlande auf den Markt kommenden Kornelkirschen entstammen der heimischen Produktion und spielen im Handel eine untergeordnete Rolle.

C. Beerenobst

Die zum Beerenobst im pomologischen Sinn und in handelsmäßiger Beziehung gezählten Obstarten besitzen saftige oder fleischige Früchte von geringer Größe; sie gehören ganz verschiedenen Gattungen und

---

[1]) Delle = kleine, rundliche, muldenähnliche Einbiegung.

Familien an und ihre mannigfaltig gestalteten Früchte entsprechen durchaus nicht immer einer echten Beere im Sinne der botanischen Begriffsbestimmung.

17. Weinbeere

Weintrauben bzw. Weinbeeren sind die Beerenfrüchte der in zahlreichen Sorten kultivierten europäischen Weinrebe, Vitis vinifera L. (Fam. Vitaceae-Vitoideae) und einiger amerikanischer Rebenarten, sowie verschiedener Hybriden von amerikanischen mit europäischen Reben („Direktträger")[1].

a) Frische Weintrauben

Weinbeeren sind erbsen- bis über kirschgroß, kugelig, eiförmig oder länglich, zweifächerig. Ihre Außenhaut ist zart bis derb, glatt, kahl, bereift, grün, gelb, rötlich, rot, blau bis dunkelpurpurn oder blauschwarz, mitunter auch gesprenkelt oder gestreift. Das Fruchtfleisch ist sehr saftreich und umschließt meist einen bis fünf Samen. Der Saft des Fruchtfleisches ist im allgemeinen farblos, nur bei der Sorte Färbertraube (Tintore) rot gefärbt. Die Samen sind birnförmig, am Grunde deutlich zugespitzt, auf der einen Seite mit zwei Gruben und auf der anderen Seite innerhalb einer Längsfurche mit einem runden Nabelfleck versehen. Die Samenschale ist in den Gruben eingebuchtet, sehr hart, rotbraun und umschließt ein großes, fettreiches Nährgewebe mit dem kleinen Keim. — In den Handel kommen stets die ganzen „Trauben", die an einem reich verzweigten System von Stielen sehr zahlreiche Beeren tragen. Der Geschmack der Weinbeeren ist süß, säuerlich-süß oder säuerlich, je nach der Traubensorte und dem Jahrgang wechselnd. Einzelne Sorten zeichnen sich durch ein besonderes Aroma aus, z. B. Muskateller („Schmeckende") und Passatutti; einige amerikanische Sorten haben den sogenannten Fuchsgeschmack oder Erdbeergeschmack. Frische Weinbeeren enthalten im allgemeinen: 70 bis 80% Wasser, 16 bis 28% Gesamtzucker (Rohrzucker fehlt oder ist nur in ganz geringer Menge vorhanden), 0,4 bis 1,5% organische Säuren (davon 0,2 bis 0,8% Weinsäure), 0,1 bis 0,15% Pektinstoffe, 0,1% Gerbstoffe, 0,3 bis 0,5% Stickstoffsubstanz, 0,3% Rohfaser, etwa 0,1 bis 0,4% Asche. Der Gehalt an Zucker und organischen Säuren schwankt sehr nach Sorte, Gegend und Jahrgang.

Die auf die Märkte kommenden Weintrauben (Schnitttrauben) dienen fast ausschließlich zum Rohgenuß (als Tafeltrauben). Auch wird frisch gepreßter Traubensaft (Traubenmost) getrunken oder auf verschiedene Weise (durch Pasteurisieren, Keimfreifiltration, Konservierungsmittelzusatz) haltbar gemacht. Gelegentlich finden Weinbeeren auch in der Küche Verwendung. Weintrauben, die sich im Zustande

---

[1] Direktträgertrauben sind als solche zu bezeichnen, weil sie für den Genuß minderwertig sind.

beginnender Gärung befinden oder sonstige Schädigungen aufweisen, sind zum Rohgenuß ungeeignet, aber zumeist noch für Preßzwecke verwendbar. — Die zur Weinbereitung dienenden Trauben werden Keltertrauben oder Preßtrauben genannt.

Produktions- und Handelsverhältnisse. Die wichtigsten Tafeltrauben sind nach der Zeit des Eintreffens auf dem Markte: argentinische, kalifornische, brasilianische, italienische (ab Ende Juni), sodann jugoslawische, ungarische, bulgarische und griechische und im Herbst einheimische Trauben. Spanische Trauben (Almeriatrauben)[1]) kommen für den Tafelgenuß erst nach unserer Weinlesezeit im Spätherbst (Sommertraube, „Reales") und im Winter (Wintertraube „Ohanes") auf den Markt. Auch außerhalb der für Freilandtrauben in Betracht kommenden Jahreszeiten gelangen in geringer Menge (als Luxusobst) in Glashäusern gezogene Trauben (zumeist aus Frankreich und Belgien) zum Verkauf.

Die Verpackung erfolgt für Glashaustrauben in Kistchen zwischen Watte oder Torfmull, für einzelne spanische Sorten in kleinen Fäßchen zwischen Torfmull oder Korkmehl, für die übrigen Tafeltrauben in Plateaux, Körben oder Steigen. Die Verpackung in Weinblättern, die mit Kupferkalkbrühe oder anderen Schädlingsbekämpfungsmitteln bespritzt sind, ist unzulässig. Weintrauben, deren Beeren von der Schädlingsbekämpfung her mit Resten gesundheitsschädlicher Mittel (Kupferkalkbrühe, Schwefel, Arsenpräparate u. dgl.) in einem bedenklichen Ausmaß behaftet sind, sind als „gesundheitsschädlich" aus dem Verkehr zu ziehen (vgl. „Beurteilung", S. 73).

b) *Getrocknete Weinbeeren und Weintrauben*

Hieher zählen die „Rosinen" im weitesten Sinne einschließlich der „Weinberln" (Näheres später, s. S. 24 bis 27), sowie die Malagatrauben. Getrocknete Weinbeeren sind kleiner und viel wasserärmer, daher festfleischiger als die frischen Weinbeeren. Sie haben eine runzelige Oberfläche, die je nach der Frischware, von der sie stammen, und je nach dem, ob die Ware gebleicht wurde oder nicht, fast hellgelb, goldgelb, rötlichgelb, bräunlichrot, braun, dunkelbraun bis schwarzviolett oder schwarzblau (fast schwarz) ist. Die Schale (Haut) der getrockneten Weinbeeren ist meist dünn und zart, bei manchen Sorten dicker, fester und zäh. Getrocknete Weinbeeren mit verhältnismäßig fester, zäher Haut schmecken, roh genossen, etwas grießlich. Die Mehrzahl der in Österreich gehandelten getrockneten Weinbeeren ist kernlos, weil sie von Spielarten einer eigenen kernlosen Varietät des Weinstockes (Vitis vinifera L. var. apyrena Risso) gewonnen werden. Vereinzelt kommen unter den kernlosen Sorten auch Beeren mit Kernen vor; eine solche Ware ist trotzdem noch als kernlos anzuerkennen.

---

[1]) Häufig stark geschwefelt, d. h. mit Schwefel bestäubt.

Die getrockneten Weinbeeren kommen entweder ohne Stiele oder mit (meist kurzen) Stielen in den Handel. (Das Vorkommen vereinzelter Stiele ist auch in entstielter Ware nicht ganz zu vermeiden.) Die „Traubenrosinen" oder schlechthin „Malagatrauben" gelangen als ganze Trauben, und zwar flachgedrückt, die Muskateller (gerebelte Malagatrauben) als lose, ebenfalls flachgedrückte Beeren in den Verkehr. Die chemische Zusammensetzung der getrockneten Weinbeeren ist im allgemeinen folgende: ungefähr 20 bis 30% Wasser, 50 bis 70% und darüber Zucker (Trauben- und Fruchtzucker), etwa 2,5% Stickstoffsubstanz, etwa 1,5% Säuren, 2,5% Rohfaser und 1 bis 2% Asche. Bei Weinbeeren, die sehr dickschalig sind, erhöht sich dementsprechend der Rohfasergehalt. Getrocknete Weinbeeren werden in der Bäckerei, Zuckerbäckerei und Küche und zur Süßweinbereitung, teilweise auch zum Rohgenuß verwendet. Malagatrauben dienen fast nur zum Rohgenuß.

Produktions- und Handelsverhältnisse. Getrocknete Weinbeeren und Weintrauben werden durchwegs eingeführt und zwar aus Südeuropa, Kleinasien und Kalifornien. Die Einfuhr betrifft zum größten Teile kernlose Sorten und zwar überwiegend Smyrna- und Candia-Sultaninen, in zweiter Linie Korinthen.

Man unterscheidet fünf Sortengruppen[1]):

1. *Weinbeeren im engeren Sinne* oder „*Weinberln*". Diese Sammelbezeichnung umfaßt die Sizilianer Weinbeeren und die Korinthen.

a) Sizilianer Weinbeeren (aus Sizilien und von den Liparischen Inseln): kernlos; dunkelviolett, schwarzblau oder schwarzviolett, dabei stets mit auffälligem Glanze; nur verregnete Ware, die dann mangelhaft getrocknet wurde, ist braun und glanzlos. Geschmack ziemlich süß und bei Rohgenuß etwas grießlich („sandig"). Meistens sind die Sizilianer Weinbeeren mit etwa 3 bis 5 mm langen Stielen behaftet. Anlieferung in Fässern verschiedenen Fassungsraumes, häufig in Fässern zu 80 bis 100 kg, mit reeller Taravergütung.

b) Korinthen: kernlos; rötlichbraun bis schwarzbraun und schwarzviolett, mit matter Oberfläche; zarthäutig, daher — roh genossen — ohne grießlichen Beigeschmack. Geschmack aromatisch-süßsäuerlich (etwas weniger süß als die Sizilianer Weinbeeren). Zumeist stielfrei. Versand in Säcken zu zirka 25 kg und zirka 50 kg brutto für netto, ferner in Kisten zu 12$^{1}/_{2}$, 25 und 50 kg mit 10-prozentiger Taravergütung. Herkunft: Griechenland, und zwar besonders Nord- und Westküste des Peloponnes (Korinth bis Patras und bis Kalamata), ferner Jonische Inseln (z. B. Zante, Kephallonia, Theaki). Als beste Qualität gelten derzeit die Korinthen von Vostitza (Aegion) an der Nordküste des Peloponnes, dann folgen jene vom Golf von Korinth, von Patras (echte „Amalias") und Zante, zuletzt jene von Kalamata.

---

[1]) Die ehemalige Bezeichnung „Zibebe" (italienisch, aus dem arabischen „zabib") wird für keine der in Österreich gehandelten Arten getrockneter Weinbeeren mehr angewendet.

2. *Sultaninen (Sultanas)* oder *Rosinen im engeren Sinne*. Ursprünglich war die Bezeichnung „Sultaninen" nur für besonders hochwertige, aus dem Sultansreiche stammende, getrocknete Weinbeeren üblich. Derzeit werden in Österreich die Sultaninen nach den in Betracht kommenden Herkünften in folgender Weise eingeteilt: Smyrna-, Candia- oder Nauplia-, kalifornische, persische und russische Sultaninen. (Die sogenannten russischen Sultaninen stammen jedoch weit mehr aus Persien als aus Südrußland selbst.) Die Sultaninen (Sultanas oder Rosinen) sind kernlos und größer als die unter 1. genannten Weinbeeren und Korinthen; Farbe und Beschaffenheit der Haut sind verschieden.

a) Smyrna-Sultaninen. Sie stammen aus Kleinasien, und zwar aus dem Hinterlande von Izmir (= Smyrna), aus Manissa, Aidin, Tschesme, Karaburun (derzeit die hochwertigsten), Vurla usw. Sie sind etwa 8 bis 15 mm lang, dünnhäutig, süßsäuerlich. Naturbelassen haben sie eine Farbe von Goldgelb bis Rötlichbraun. Sie werden in den Herkunftsgebieten sogleich nach der Weinlese ausgesucht und in einem Bad von Öl und Pottasche gewaschen, wodurch sie einen etwas lichteren Farbton erhalten, sodann auf Darren in großer Fläche ausgebreitet und an der Luft getrocknet. Je größer die getrockneten Beeren, je gleichmäßiger in der Größe, je heller (ohne Schwefelung!) in der Farbe und je geringer der „Einwurf", desto besser ist die Qualität. Unter „Einwurf"[1]) versteht man unreif getrocknete, kleine, ferner rote, mißfarbige, dunklere oder ganz dunkle, mithin minderwertige, unter Umständen sogar wertlose Beeren, deren Vorhandensein auf eine mangelhafte Sichtung nach Größe und Farbe sowie auf ungleiches Sieben und sonstige fehlerhafte Behandlung schließen läßt; ferner Stiele, Steinchen und ähnliche Verunreinigungen. Versand in Kisten zu 12 bis 16 kg brutto mit 10-prozentiger Taravergütung.

b) Candia- oder Nauplia-Sultaninen. Aus Griechenland, und zwar aus den Gebieten von Candia und Nauplia stammend. Sie sind etwa 9 bis 17 mm lang, naturbelassen von dunklerer Farbe als die Smyrna-Sultaninen, aber größer, fleischiger und süßer als diese. Zur Erlangung einer gefälligen goldgelben Farbe werden sie meistens im Herkunftslande mit schwefliger Säure gebleicht („geschwefelt"). Versand in Kisten zu 12 bis 16 kg brutto mit 10-prozentiger Taravergütung.

Jene Beeren, welche man bei der im Herkunftslande erfolgenden Siebung als klein oder sehr klein ausscheidet, sind ebenfalls ein Handelsartikel und werden in Österreich — gleichgültig ob sie von Smyrna- oder von Candia- (Nauplia-) Sultaninen herrühren — als „kleinbeerige Sultanas" oder kurz als „Kleinbeerige" oder „Bäckerrosinen" an Bäcker u. dgl. verkauft; sie sind wenig fleischig und haben relativ viel Haut.

---

[1]) Auch bei anderen vegetabilischen Lebensmitteln (z. B. Kaffee) spricht man von „Einwurf". Bei billigeren Rosinensorten spielt der Einwurf eine geringere Rolle.

c) Kalifornische Rosinen. Sie sind etwa 8 bis 15 mm, auch bis 20 mm lang, stielfrei; ihr Geschmack ist süß, aber bei Rohgenuß wegen der dicken, zähen Haut etwas grießlich („sandig"). Ihre Farbe ist naturbelassen dunkelrotbraun bis dunkelviolett, ähnlich den losen Muskatellern (gerebelten Malagatrauben), welch letztere jedoch Kerne enthalten. Die kalifornischen Rosinen kommen nur in geringem Ausmaße naturbelassen, vielmehr meist stark geschwefelt oder noch in anderer Weise geschönt in den Verkehr. Je nach dem Schönungsvorgang unterscheidet man im Handel „Sodableached" und „Goldbleached". Die „Sodableached" (sodagebleichten) Rosinen werden, frischgepflückt, nach Sortierung in einer Sodalösung (Pottaschelösung) gebadet, sodann an der Sonne oder künstlich getrocknet, nach Trocknung zum Entfernen der Stiele „gebürstet", hierauf etuviert und verpackt. Die „Goldbleached"-Rosinen werden vor der Bürstung (Entstielung) noch in ein Bad von schwefligsaurem Salz gebracht, sonst in gleicher Weise behandelt. Der Versand der kalifornischen Rosinen erfolgt in Kisten zu $12^1/_2$ kg netto. Von den kalifornischen Rosinen unterscheidet man drei Sortierungen: „Kleinbeerige" (oder „Bäckerrosinen"), nur kleine Beeren enthaltend; „Choice", kleine, mittlere und große Beeren enthaltend und „Fancy", lediglich aus großen Beeren bestehend.

d) **Persische und russische Sultaninen.** Sie ähneln in Größe und Farbe den Smyrna-Sultaninen, sind aber weniger süß als diese; zumeist mit Stielen. Sie kommen erst seit verhältnismäßig kurzer Zeit in den österreichischen Handel und nur dann, wenn Smyrna- und Candia- (Nauplia-) Sultaninen wegen schlechter Ernte teuer sind. Die Bearbeitung der persischen und der russischen Sultaninen ist noch sehr mangelhaft; sie erfolgt übrigens zum Teile (Entstielung, Reinigung) oft gar nicht in den Produktionsländern, sondern erst in den Hafenplätzen (z. B. in Triest) oder in den Verbrauchsorten (z. B. in den Lagerhäusern der Stadt Wien).

3. *Elemé-Rosinen.* Sie sind kernhaltig, hellbraun bis dunkelbraun (aber nicht schwärzlich!), etwa 15 bis 25 mm lang, mit ziemlich derber Schale (ein wenig derber als bei Sultaninen), ohne Stiele, von süßem Geschmack. Ursprungsländer sind Griechenland (Gebiet von Candia) und Kleinasien (Hinterland von Izmir); für Österreich kommt derzeit nur die griechische Produktion in Betracht. Sie bleiben naturbelassen. Versand in Säcken brutto für netto, selten in Kisten mit 10-prozentiger Taravergütung. Elemé-Rosinen sind in den österreichischen Alpenländern ziemlich beliebt, gelten aber sonst in Österreich nicht als Qualitätsware.

4. *Zypro- (Cypro-) Rosinen.* Sie sind kernhaltig; etwa 15 bis 20 mm lang, mit mäßig derber Haut, ohne oder mit Stielen; ihre Farbe ist schwarz (schwarzviolett oder schwarzbraun) und dadurch unterscheiden sie sich am auffallendsten von den sonst sehr ähnlichen Elemé-Rosinen

(außerdem sind sie weniger schön bearbeitet als letztere); ihr Geschmack ist süß, jedoch ohne das für Malagatrauben und lose Muskateller (denen sie in der Farbe ähnlich sind) charakteristische Aroma. Ursprungsland ist die Insel Zypern. Sie bleiben naturbelassen. Versand in Säcken brutto für netto. Zypro-Rosinen sind bloß in den westlichen Alpenländern beliebt, gelten aber sonst in Österreich nicht als Qualitätsware.

5. *Malagatrauben* (Traubenrosinen) und lose *Muskateller* (gerebelte Malagatrauben). Malagatrauben kommen als ganze Trauben mit den Kämmen und Beerenstielen in den Handel, lose Muskateller ohne Kämme, meist nur mit etwa 5 mm langen Stielen, seltener ohne Stiele. Die Beeren der Malagatrauben und losen Muskateller sind kernhaltig, etwa 10 bis 25 mm lang, dunkelrotbraun bis violett und infolge einer zarten Wachsausscheidung bläulich bereift, mit mäßig zarter (oder mäßig derber) Haut, im Geschmack sehr süß und mit einem hervorragenden Aroma. Ursprungsland ist Spanien, und zwar hauptsächlich das Gebiet um Malaga, weniger Denia und Valencia. Der Versand der Malagatrauben erfolgt in Kisten zu 10, 5 und $2^1/_2$ kg netto oder in Luxuspackungen zu $12^1/_2$ dkg bis 50 dkg brutto für netto; der Versand der losen Muskateller erfolgt in Kisten zu 10 kg netto, zum Teil auch in Luxuspackungen. — Qualitätsbestimmungen für Malagatrauben: Die derzeit beste Qualität „Imperiaux" muß 50% der im folgenden für die losen Muskateller angegebenen Größe „5 Kronen" enthalten. Ihr zunächst steht die Qualität „Royaux". Die leichteren Qualitäten (z. B. „Surchoix" und „Choix") haben für Österreich wenig Bedeutung. Qualitätsbestimmungen für lose Muskateller: „5 Kronen" (pro 100 g ungefähr 50 Beeren); „4 Kronen" (pro 100 g ungefähr 65 Beeren); „3 Kronen" (pro 100 g ungefähr 95 Beeren); „2 Kronen" (pro 100 g ungefähr 130 Beeren); „1 Krone" (pro 100 g über 130 Beeren).

Für sämtliche Arten von getrockneten Weinbeeren gilt hinsichtlich eines Gehaltes an schwefliger Säure folgendes: Getrocknete Weinbeeren dürfen, falls sie roh genossen werden sollen, nicht mehr als 100 mg schweflige Säure in 1 kg enthalten. Ware, deren Gehalt an schwefliger Säure mehr als 100 mg beträgt, aber 1250 mg in 1 kg nicht übersteigt, darf nur für Kochzwecke verwendet werden und muß im gesamten Handel (auch in kaufmännischen Schriftstücken) als zum Rohgenuß nicht geeignet (vgl. S. 75) bezeichnet werden. Getrocknete Weinbeeren mit mehr als 1250 mg schwefliger Säure in 1 kg dürfen überhaupt nicht als Lebensmittel in Verkehr gebracht werden. Getrocknete Weinbeeren, welche stärkere Verunreinigungen oder einen der Ware nicht zukommenden Geruch oder Geschmack aufweisen, sind als verdorben anzusehen.

18. Johannisbeere

Johannisbeeren oder „Ribisel" sind die Beerenfrüchte des häufig in Gärten gezogenen Johannisbeerstrauches, Ribes rubrum L. (Fam. Saxifragaceae-Ribesioideae). Die wilde Stammform der (roten) Johannis-

beere ist in Westeuropa heimisch, von wo auch die Kultur der Johannisbeeren, und zwar erst im späteren Mittelalter ihren Ursprung genommen
hat. Die jetzt kultivierten Sorten stammen zum Teil auch von Kreuzungen mit anderen Arten, so mit R. spicatum Robs. (Nordosteuropa)
und mit R. petraeum Wulf. (europäische Gebirge).

Johannisbeeren sind kugelig, erbsengroß, einfächerig, meist hochrot, seltener blaßrot, gelblichweiß oder weiß und rot gestreift[1]), vom
vertrockneten Kelche gekrönt, glatt, kahl, glänzend, von durchscheinenden Gefäßbündeln meridianartig gestreift. Das Fruchtfleisch ist
sehr saftig, zartgewebig, fast breiartig. Es umgibt mehrere bis zahlreiche
Samen, die an zwei gegenständigen, fadenförmigen Trägern durch lange
Nabelstränge befestigt sind. Der Geschmack der Beeren ist angenehm
säuerlich. Die chemische Zusammensetzung ist im allgemeinen: 80 bis
85% Wasser, 4 bis 7% Gesamtzucker (davon nur Spuren von Rohrzucker), 2 bis 4% organische Säuren (Zitronensäure und etwas Äpfelsäure), 0,1 bis 0,3% Pektinstoffe, 0,1% Gerbstoffe, 1 bis 2% Stickstoffsubstanz, 4% Rohfaser, 0,6 bis 0,8% Asche. Johannisbeeren werden
teils frisch, teils, und zwar in sehr ausgedehntem Maße, in Zucker eingekocht genossen, ferner auf Beerenwein („Ribiselwein"), Ribiselsaft,
Sirup und zu Marmelade verarbeitet.

Produktions- und Handelsverhältnisse. Auf unseren Märkten
kommen außer einheimischen (hauptsächlich niederösterreichischen
und burgenländischen) Johannisbeeren noch solche aus Italien, Ungarn,
Jugoslawien, der Tschechoslowakei und, bei entsprechender Marktkonjunktur, auch aus Holland und Litauen vor. Die Ernte fällt bei uns
gewöhnlich in die Zeit von Ende Juni bis Ende Juli. Die Verpackung
erfolgt in Steigen und in verschiedenartigen Körben. Der Handel unterscheidet die Sorten nach der Farbe in rote und weiße Johannisbeeren.

Anmerkung. Weit seltener sind wegen ihres eigenartigen Geruches
und minder beliebten Geschmackes die schwarzen Johannisbeeren
oder Gichtbeeren von Ribes nigrum L. in Verwendung. Diese Frucht ist erbsengroß, kugelig, schwarzviolett bis glänzend schwarz, mit kleinen, gelben
Drüsenschuppen besetzt und enthält einen mehr oder weniger dunkelpurpurroten Saft. Die schwarzen Johannisbeeren werden nur in geringen
Mengen roh gegessen; meist dienen sie als aromatisierender Zusatz, seltener für sich allein, zur Herstellung von Kompott, Marmeladen, Gelees,
Likören und besonders Ribiselwein. Überdies werden sie volksmedizinisch
gebraucht.

19. Stachelbeere

Stachelbeeren oder „Agraseln" sind die Beerenfrüchte des an
steinigen Waldstellen wild vorkommenden und in den Gärten in vielen
Sorten gezogenen Stachelbeerstrauches, Ribes Grossularia L. (Fam.
Saxifragaceae-Ribesioideae).

---

[1]) Über die schwarze Johannisbeere vgl. obige Anmerkung.

Stachelbeeren sind je nach der Sorte in Größe, Farbe und Oberflächenbeschaffenheit sehr verschieden. Im allgemeinen sind sie eiförmig bis kugelig, 1 bis 4 cm lang, einfächerig, am Scheitel von den vertrockneten Kelchresten gekrönt, gelblich, gelbgrün, grün, blaßgrün, weißlich, blaßrot bis trübpurpurn oder grün und rot gestreift, manchmal mit netziger Zeichnung, kahl oder mit steifen Borsten besetzt, mit saftigem Fruchtfleische und mehreren bis zahlreichen Kernen. Die Stachelbeeren schmecken süßsäuerlich. Ihre chemische Zusammensetzung ist im allgemeinen: 84 bis 87% Wasser, 3 bis 8% Gesamtzucker (größtenteils Invertzucker, nur etwas Rohrzucker), 1 bis 3% organische Säuren (Zitronen- und Äpfelsäure), 0,2 bis 0,6% Pektinstoffe, 0,05 bis 0,1% Gerbstoffe, 1% Stickstoffsubstanz, 2 bis 3% Rohfaser, 0,4 bis 0,6% Asche. Die Stachelbeeren werden sowohl frisch genossen wie auch in Zucker eingemacht oder auf Beerenwein verarbeitet. Unreife Stachelbeeren sind ein beliebtes Kompott- und Einsiedeobst. Der Stachelbeersaft aus unreifen Früchten wird als Geliersaft bei der Erzeugung von Jams und Marmeladen verwendet.

Produktions- und Handelsverhältnisse. Auf unsere Märkte kommen inländische, tschechoslowakische, jugoslawische und ungarische Stachelbeeren und zwar Ende Juni und im Juli. Bei uns fällt die Ernte zumeist in den Monat Juli. Bevorzugt werden Sorten mit dünner, durchscheinender Schale, wie sie im Inlande sehr häufig vorkommen. Die Versendung erfolgt in loser Schüttung, in Steigen, Körben und Kisten.

20. Erdbeere

Erdbeeren sind die Früchte („Scheinfrüchte" mit fleischig gewordenem Fruchtboden) mehrerer, teils wildwachsender, teils kultivierter Arten und Bastarde der Gattung Fragaria (Fam. Rosaceae-Rosoideae-Potentilleae), und zwar von F. vesca L. (Walderdbeere), F. elatior (Thuill.) Ehrh. (Zimterdbeere), F. collina Ehrh. (Knackerdbeere), F. virginiana (Scharlacherdbeere, aus Nordamerika), F. chiloensis (Riesenerdbeere, aus Südamerika), F. grandiflora (Ananaserdbeere, Bastard von F. chiloensis mit F. virginiana) und mehreren anderen Gartenbastarden. Zimterdbeeren und Knackerdbeeren führen in Österreich auch die Bezeichnungen „Hagbeeren" oder „Pröbstlinge". Letzterer Ausdruck bezeichnet auch gewisse Sorten von Ananaserdbeeren. Die Monatserdbeeren, Fragaria vesca L. var. semperflorens (Duch.) Ser., sind eine häufig kultivierte Varietät der Walderdbeeren, die lange Zeit hindurch blüht und fruchtet.

Die Erdbeere besteht im wesentlichen aus einem weichfleischigen Fruchtboden, der auf seiner Oberfläche die eigentlichen Früchte („Kerne") trägt und am Grunde von fünf Kelchblättern und fünf Außenkelchblättern gestützt wird. Er ist kugelig oder kugelig-eiförmig bis kegelförmig, 1 bis 2 cm, bei Ananaserdbeeren sogar bis 8 cm und

darüber lang, weich und saftreich (bei der Knackerdbeere verhältnis
mäßig hart), gefurcht oder seichtgrubig, rot oder auf einer Seite weißlich
und läßt sich vom Kelche teils leicht (Walderdbeere), teils schwer
(Zimterdbeere, Knackerdbeere und Gartenerdbeere) ablösen. Die
zahlreichen Schließfrüchtchen (Nüßchen) auf seiner Oberfläche sind
sehr klein, bräunlich, glatt, trocken. Die Ananaserdbeere und verschiedene andere Gartenzüchtungen sind durch die in Gruben des
Fruchtbodens eingesenkten Früchtchen, durch die bedeutende Größe
und zum Teil durch den kräftigen, aromatischen Geruch gekennzeichnet.
Der Geruch der Erdbeere ist aromatisch, der Geschmack angenehm süß.
Die chemische Zusammensetzung beträgt im allgemeinen: 79 bis 86%
Wasser, 5 bis 8% Gesamtzucker (davon etwa 10% Rohrzucker), 1 bis
2% organische Säuren (Zitronen- und Äpfelsäure), 0,4 bis 0,7% Pektinstoffe, 0,2 bis 0,5% Gerbstoffe, 1 bis 2% Stickstoffsubstanz, 4% Rohfaser, 0,7 bis 0,9% Asche. Erdbeeren sind sowohl frisch wie eingemacht
ein beliebtes Obst; auch zur Erzeugung von Jams, Marmeladen, Erd-
beersaft und Fruchteis werden sie viel verwendet.

Produktions- und Handelsverhältnisse. Während des Win-
ters und ersten Frühjahres kommen in geringen Mengen Erdbeeren aus
Frankreich und Belgien, die dort unter Glas gezogen wurden, zum Teil
auch überseeische Freiland-Erdbeeren in den Handel. Europäische
Freilandware gelangt von Anfang Mai ab auf die Märkte, und zwar zuerst
aus Italien, dann aus Rumänien, Jugoslawien, Ungarn und Bulgarien,
von Ende Mai ab aus dem Inlande, und zwar zum weitaus überwiegenden
Teil aus dem Burgenland (Gegend von Wiesen, Sauerbrunn, Forchtenau
und Mattersburg). Die wichtigsten burgenländischen Sorten von
Ananaserdbeeren sind: „Madlische", „Laxtons Noble" („Frühe Runde")
und „Madame Moutot" („Paradeiser"); dazu kommen noch die (kleinen,
runden) Monatserdbeeren. Die letztgenannten gelangen ebenso wie
Walderdbeeren während des ganzen Sommers, mitunter bis zum Eintritt des Frostes auf den Markt, die übrigen Gartenerdbeeren (Ananaserdbeeren) in der Regel von Ende Juli ab nicht mehr. Die Verpackung
der burgenländischen Erdbeeren erfolgt in kleinen Körbchen aus Weiden-
geflecht („Wannenkörbchen" zu 3 bis 5 kg), seltener in Steigen. Walderdbeeren und Monatserdbeeren werden in aus Strohzöpfen ange-
fertigten konischen Behältnissen („Bagerln") und in kleinen Körbchen
verpackt. Auslandsware wird in Plateaux, Kartons, Körbchen und
Steigen versendet.

21. Himbeere

Himbeeren sind die Sammelfrüchte des bei uns einheimischen und
kultivierten Himbeerstrauches, Rubus idaeus L. (Fam. Rosaceae-
Rosoideae-Rubeae).

Himbeeren sind halbkugelig, ungefähr 1 bis 2 cm lang, aus zahlreichen, saftigen Steinfrüchtchen zusammengesetzt, von dem kegel-

förmigen, markigen Fruchtboden („Hebel") leicht ablösbar (abstreifbar), deshalb im Innern hohl. Die einzelnen Steinfrüchtchen sind rundlich-eiförmig, ungleichseitig, stumpf, vom vertrockneten Griffel geschwänzt, fein behaart, mattrot, mit einem einsamigen Steinkerne versehen. Der Geruch der Himbeeren ist aromatisch, der Geschmack süß. Die chemische Zusammensetzung beträgt im allgemeinen: 76 bis 88% Wasser, 4 bis 7% Gesamtzucker (davon nur wenig Rohrzucker), 1,5 bis 2,5% organische Säuren, 0,5% Pektinstoffe, 0,2 bis 0,3% Gerbstoffe, 1 bis 2% Stickstoffsubstanz, 5 bis 6% Rohfaser, 0,5 bis 0,7% Asche. Außerdem enthalten die Himbeeren Spuren eines ätherischen Öles. Himbeeren werden sowohl frisch wie eingemacht, in weitaus überwiegendem Maße aber zur Bereitung von Himbeersaft (Himbeersirup), ferner zur Erzeugung von Himbeerwein und Himbeeressig, Marmeladen und Jams verwendet.

Produktions- und Handelsverhältnisse. Die Himbeeren unserer Märkte sind durchwegs inländischer Herkunft. An Sorten unterscheidet man meist nur die Gartenhimbeeren und die Waldhimbeeren. Gartenhimbeeren kommen etwa von Mitte Juli bis Mitte August, Waldhimbeeren hauptsächlich im August und September, auch noch bis in den Oktober, auf den Markt. Zweimal tragende Gartenhimbeeren (var. semperflorens) geben auch noch eine zweite Ernte im Herbst. Die Verpackung der zum Rohgenuß bestimmten Himbeeren erfolgt meist in kleinen Körben; Preßware wird in Schaffeln, Kübeln und Fässern versandt.

Anmerkung. Ähnlich ist die gleichfalls genießbare Felsenhimbeere oder Felsenbeere, Rubus saxatilis L. Sie besitzt wenige, größere, nur schwach zusammenhängende Steinfrüchtchen von angenehm säuerlichem Geschmack und ist in Gebirgsgegenden nicht selten, hat aber zumeist nur lokale Bedeutung. — Von ausländischen genießbaren Himbeerarten, die gelegentlich kultiviert werden, aber kaum auf den Markt kommen, sei erwähnt die Drüsenborstige Himbeere (Japanische Weinbeere), Rubus phoenicolasius Maxim. Ihre orangeroten Früchte sind etwas größer als europäische Himbeeren und sehr süß.

22. Brombeere

Brombeeren sind die Sammelfrüchte zahlreicher, nahe verwandter Arten der Gattung Rubus (Fam. Rosaceae-Rosoideae-Rubeae), die man unter der Gesamtbezeichnung Rubus fruticosus L. zusammenfassen kann, obgleich die einzelnen hieher gehörigen Arten nicht nur in den botanischen Merkmalen, sondern auch in Geschmack, Güte und Verwendbarkeit nicht wenig verschieden sind. Brombeeren werden fast nur an wildwachsenden Sträuchern gesammelt. Sie sind sehr selten in Kultur.

Die Brombeeren sind von ähnlicher Gestalt wie die Himbeeren, jedoch nicht hohl, da sie sich mitsamt dem schmal-kegelförmigen Fruchtboden aus dem Kelche loslösen. Sie sind im reifen Zustande schwarzviolett bis glänzend schwarz, von säuerlich-süßem Geschmack und fast geruchlos. Die chemische Zusammensetzung beträgt im allgemeinen: 83 bis 86% Wasser, 6 bis 7% Gesamtzucker (davon nur etwas Rohrzucker), 0,6 bis 1,5% organische Säuren[1]), 0,1 bis 0,2% Pektinstoffe, 0,2 bis 0,3% Gerbstoffe, 1% Stickstoffsubstanz, 4% Rohfaser, rund 0,5% Asche. Brombeeren werden roh und als Kompott genossen, aber auch zur Erzeugung von Marmeladen und Jams, mitunter auch zur Bereitung von Brombeersirup und Brombeerwein verwendet.

Produktions- und Handelsverhältnisse. Von Brombeeren kommt nur inländische Ware, und zwar von August bis Oktober auf den Markt. Die Verpackung erfolgt in Steigen, selten in Körben.

23. Schwarze Maulbeere

Schwarze Maulbeeren sind die Fruchtstände (Scheinfrüchte) des aus Vorderasien stammenden, bei uns in Gärten und Anlagen hauptsächlich als Zierbaum gezogenen schwarzen Maulbeerbaumes, Morus nigra L. (Fam. Moraceae-Moroideae), dessen weibliche Blütenstände aus zahlreichen Blüten zusammengesetzte, kurze Ähren darstellen.

Jede Einzelblüte des dichten, kurzährigen Blütenstandes besteht aus einem von einer vierblättrigen Blütenhülle umgebenen, freien Fruchtknoten. Bei der Reife wird jeder Fruchtknoten zu einer trockenen Schließfrucht (Nüßchen), die von den vier vergrößerten und saftig gewordenen Blütenhüllblättern, also von einer falschen Fruchthülle, umschlossen ist. Der ganze Fruchtstand (die Maulbeere) stellt sonach eine aus zahlreichen falschen Steinfrüchtchen zusammengesetzte Scheinfrucht dar. Diese ist eirund, etwa 1,5 bis 3 cm lang, kurz gestielt; jedes einzelne „Steinfrüchtchen“ ist verkehrt-eiförmig und längs der Ränder der schwarzen, mit dunkelpurpurrotem Safte gefüllten Blütenhüllblätter behaart. Die schwarzen Maulbeeren besitzen einen säuerlich-süßen bis süßen Geschmack. Sie enthalten 80 bis 85% Wasser, 6 bis 15% Gesamtzucker (davon etwa 10% Rohrzucker), 0,4 bis 1% organische Säuren, 0,2% Pektinstoffe, 1% Gerbstoffe, 1 bis 2% Stickstoffsubstanz, 2% Rohfaser, 0,8 bis 1% Asche. Die schwarzen Maulbeeren dienen teils zum Rohgenuß, mehr jedoch zur Herstellung von Marmeladen und Säften, dann mitunter auch zur Bereitung von Maulbeerwein.

Produktions- und Handelsverhältnisse. Schwarze Maulbeeren werden aus dem Auslande nicht eingeführt und bilden nur einen untergeordneten Handelsartikel.

Anmerkung. Die **weißen Maulbeeren**, von Morus alba L., sind wie die schwarzen Maulbeeren gebaut, aber langgestielt, kleiner, weiß oder gelblich, auf einer Seite oft gerötet, selten ganz rotbraun und haben einen stark süßen, etwas faden Geschmack. Der Baum stammt aus China und wird der Seidenraupenzucht wegen gezogen.

---

[1]) Nach *Wehmer*: Pflanzenstoffe, Erg. Bd., besonders Isozitronensäure.

24. Heidelbeere

Heidelbeeren, Schwarzbeeren oder Blaubeeren sind die Beerenfrüchte von Vaccinium Myrtillus L. (Fam. Ericaceae-Vaccinioideae), einem bekannten, in Wäldern gesellig wachsenden, kleinen Strauche.

Heidelbeeren sind fast erbsengroß, kugelig, (4- bis) 5-fächerig, vielsamig, blauschwarz, bereift, mit dunkelrotem Saft. Sie besitzen auf dem Scheitel eine dellenförmig vertiefte Scheibe, die von einem schmalen, aufgerichteten Kelchsaum umgeben ist. Die kleinen Samen sind schiefeiförmig und glänzend braunrot. Eine sehr seltene Varietät hat weiße Früchte mit farblosem Saft. Der Geschmack der Heidelbeeren ist säuerlich-süß, etwas herbe. Die chemische Zusammensetzung ist im allgemeinen: 82 bis 88% Wasser, 5 bis 7% Gesamtzucker (davon nur wenig Rohrzucker), 1% organische Säuren, 0,4 bis 0,6% Pektinstoffe, 0,1 bis 0,3% Gerbstoffe, 1% Stickstoffsubstanz, 2 bis 3% Rohfaser, etwa 0,3 bis 0,7% Asche. Die Heidelbeeren werden frisch und eingemacht genossen sowie zur Bereitung von Marmelade, Heidelbeersaft, Heidelbeerwein und Branntwein verwendet. Getrocknete Heidelbeeren dienen zu Arzneizwecken und als Zusatz zu Mehlspeisen.

Produktions- und Handelsverhältnisse. Heidelbeeren kommen vom Juni bis Oktober auf den Markt; sie sind fast durchwegs inländischer Herkunft. Die Verpackung erfolgt in Steigen und Kisten. Sorten werden nicht unterschieden.

Anmerkung. Sehr ähnlich den gewöhnlichen Heidelbeeren, jedoch diesen nicht gleichwertig, sind die stark bläulich bereiften, einen farblosen Saft enthaltenden **Sumpfheidelbeeren, Moorheidelbeeren** oder **Moorbeeren** (fälschlich auch Moosbeeren genannt, s. Anmerkung bei Preißelbeere) von Vaccinium uliginosum L. Sie sind weniger wohlschmeckend und dürfen nicht als Heidelbeeren verkauft oder solchen beigemischt werden.

Eine entfernte Ähnlichkeit mit Heidelbeeren besitzen auch die **Krähenbeeren** oder **Rauschbeeren**, die Früchte eines heidekrautähnlichen kleinen Strauches, Empetrum nigrum L. (Fam. Empetraceae), der in den Alpenländern und auf Mooren wild wächst. Die Krähenbeeren sind kugelig, von vertrockneten Narbenresten gekrönt, glänzendschwarz, nicht bereift; sie besitzen weißes Fruchtfleisch und enthalten 6—9 große Kerne. Sie sind eßbar, aber geringwertig und in Österreich nicht marktgängig.

25. Preißelbeere

Preißelbeeren oder „Grankelbeeren" sind die Beerenfrüchte des Preißelbeerstrauches, Vaccinium Vitis idaea L. (Fam. Ericaceae-Vaccinioideae).

Preißelbeeren sind fast erbsengroß, etwa 2,5 bis 5 mm im Durchmesser, kugelig, fünffächerig, vielsamig, lichtrot bis scharlachrot, kahl, glatt, glänzend, am Grunde mit einer kleinen vertieften Stielnarbe, mitunter noch mit einem 1 mm langen Stielchen, am Scheitel mit einem 4 bis 5-zipfeligen Kelchsaume versehen. Ihr Fruchtfleisch ist blaßrot, nahe der Fruchthaut tiefrot, wenig saftig, fest. Ihre zahlreichen Samen sind länglich-eiförmig, einem Kugelausschnitt gleichend, seltener fast nierenförmig, sehr klein, glänzend, orange oder gelbbraun. An der Pflanze stehen die kurzstieligen Beeren in kleinen Trauben beisammen. Ihr Geschmack ist säuerlich und herb. Die chemische Zusammensetzung beträgt im allgemeinen: 85 bis 87% Wasser, 4 bis 7% Gesamtzucker (davon etwa 10% Rohrzucker), etwa 1 bis 2% freie Säuren (Zitronensäure und etwas Äpfelsäure), 0,3% Pektinstoffe, 0,3% Gerbstoffe, 1% Stickstoffsubstanz, 2% Rohfaser, 0,2% Asche. Bemerkenswert ist der verhältnismäßig bedeutende Gehalt an Benzoësäure (in frischen Beeren 0,05% bis 0,2%)[1]. Die Preißelbeeren werden meist als Kompott in Zucker eingekocht genossen.

Produktions- und Handelsverhältnisse. Preißelbeeren kommen im Herbste auf den Markt, und zwar in erster Linie aus dem Inlande, außerdem noch aus Italien, Jugoslawien, der Tschechoslowakei und Holland, vereinzelt auch aus Litauen und Finnland. Die Verpackung erfolgt in Kisten und in offenen Plateaux. Wegen ihrer guten Qualität besonders beliebt sind die Preißelbeeren aus Steiermark und Kärnten.

Anmerkung. Den Preißelbeeren im Aussehen und Geschmack ähnlich sind die Moosbeeren von dem Zwergsträuchlein Vaccinium Oxycoccos L. (Oxycoccos quadripetala Gilib.), das auf Torfmooren häufig ist. Die Beeren stehen einzeln an langen Stielen, sind größer als die Preißelbeeren und enthalten auch größere Samen. Sie enthalten gleichfalls Benzoësäure[1]. Wo sie in genügender Menge vorkommen, werden sie gesammelt und in gleicher Weise wie Preißelbeeren verwendet. Für die Verwendung sind beide gleichwertig. — Eine sichere Unterscheidung zwischen Moosbeere und Preißelbeere gestattet das mikroskopische Bild des Samenquerschnittes. Bei der Preißelbeere besteht die innere Samenhaut (unter der Epidermis) aus einer braunen Schicht stark zusammengefallener Zellen, bei der Moosbeere jedoch aus 2 bis 3 Lagen vorwiegend weitlumiger, brauner Zellen.

26. Holunderbeere

Holunderbeeren, der sogenannte „schwarze Holler", sind die Steinbeeren des Holunderstrauches oder -baumes, Sambucus nigra L. (Fam. Caprifoliaceae).

Die Holunderbeeren sind kugelig, mit einem Durchmesser von etwa 3 bis 4 mm, oben von den Kelchresten gekrönt, schwarz, mit purpurrotem, saftigen Fruchtfleische und mit drei einsamigen Steinkernen. Diese sind eiförmig-länglich, etwas zusammengedrückt, außen bräunlich und runzelig. Eine seltene Sorte hat Früchte von grüner Grundfarbe mit heller netziger Zeichnung, die an jene mancher Stachelbeeren erinnert: S. nigra L. var. viridis Aiton. Der Geruch der Holunderbeere ist eigentümlich; der Geschmack herb, süß und säuerlich. Die

---

[1] Nach neueren Untersuchungen soll jedoch der konservierend wirkende Stoff der Preißelbeeren und Moosbeeren nicht Benzoësäure, sondern Chinasäure sein.

chemische Zusammensetzung ist folgende: 80% Wasser, 4 bis 5% Gesamtzucker (davon 10% Rohrzucker), 1% organische Säuren, 0,3% Gerbstoffe, 2,5% Stickstoffsubstanz, 8% Rohfaser, rund 0,6% Asche. Holunderbeeren werden zur Bereitung von Mus, Gelee und Marmelade, sowie zur Branntweinbrennerei verwendet.

Produktions- und Handelsverhältnisse. Es gelangen nur inländische Holunderbeeren auf den Markt; sie bilden ein beliebtes Volksnahrungsmittel.

Anmerkung. Die roten Beeren des Traubenholunders, Hirschhollers oder Berghollers, Sambucus racemosa L., sind in frischem Zustande sehr herb und sauer, lassen sich aber nach Art von Preißelbeeren einmachen oder zur Bereitung von Marmelade und Gelee verwenden. — Hingegen sind die den schwarzen Holunderbeeren sehr ähnlichen Früchte des Zwergholunders oder Attichs, Sambucus Ebulus L., welche als Attichbeeren oder Aktebeeren bezeichnet werden, übelschmeckend und schwach giftig; sie können Durchfall und Erbrechen erregen. Die Attichbeeren sind schwarz und etwas größer als die schwarzen Holunderbeeren (etwa 5 bis 6 mm im Durchmesser). Die Fruchtstände des Attichs haben nur drei Hauptäste und sind ziemlich steif; jene des schwarzen Holunders haben fünf Hauptäste und sind schlaff, hängend. Ferner ist der Attich kein Holzgewächs wie der schwarze Holunder, sondern eine krautige Pflanze (hochwüchsige Staude). Die Beimischung von Attichbeeren zum schwarzen Holunder macht ihn ungenießbar (s. S. 74).

27. Sauerdornbeere

Sauerdornbeeren, Weinscharlbeeren oder Berberitzen sind die in Trauben angeordneten Beeren des Berberitzenstrauches, Berberis vulgaris L. (Fam. Berberidaceae).

Die Sauerdornbeeren sind länglich-walzlich, beiderseits stumpf, auf dem Scheitel mit dem eingetrockneten, schwärzlichen Narbenrest genabelt, einfächerig, ein- bis zweisamig, glänzend scharlachrot (selten gelb, violett, weißlich oder schwärzlich). Der Same ist länglich, gelblich, mit fleischigem Nährgewebe. Der Geschmack der Beeren ist sehr sauer, herb (bei einer Spielart süß). Sie enthalten etwa 70% Wasser, 4 bis 6% Gesamtzucker, 2 bis 6% organische Säuren (vorwiegend Äpfelsäure, außerdem Zitronensäure und Weinsäure). Die Sauerdornbeeren werden eingemacht gegessen, zu Zuckerwaren verarbeitet und zur Bereitung von Fruchtsaft (für limonadeähnliche Erfrischungsgetränke) und Obstessig („Weinscharlessig") verwendet.

Produktions- und Handelsverhältnisse. Sauerdornbeeren sind für unsere Märkte nur von untergeordneter Bedeutung.

Anmerkung. In Geschmack und Verwendbarkeit den Sauerdornbeeren ähnlich sind die blauschwarzen, kugeligen, einsamigen Beeren von Mahonia aquifolium (L.) Nutt., einem in Nordamerika heimischen, bei uns oft als Ziergehölz in Gärten kultivierten Strauche. — Die den Sauerdornbeeren äußerlich ähnlichen, rotgefärbten, ungenießbaren Beeren des Bocksdorns, Wolfsstrauches oder Teufelszwirns, Lycium halimifolium Mill., und die roten und länglichen, giftigen Beeren des Bittersüß, Solanum dulcamara L. (beide aus der Fam. Solanaceae), sind zweifächerig und mehrsamig.

28. Hagebutte

Hagebutten, „Hetschepetsch" oder „Hetscherln" sind die Früchte (Blütenachsen) verschiedener wildwachsender und kultivierter Arten der Gattung Rosa (Fam. Rosaceae-Rosoideae-Roseae), z. B. von Rosa canina L. (Heckenrose oder Hundsrose) und ihren Verwandten, besonders aber von Rosa pomifera Herrmann (Apfelrose, Hagebuttenrose, aus den europäischen Gebirgen) und von Rosa rugosa Thunb. (Kartoffelrose oder Runzelrose, aus Ostasien); die beiden letztgenannten Arten werden häufig eigens der Früchte wegen kultiviert.

Die Hagebutte stellt einen ausgehöhlten Fruchtboden dar, in dessen Innerem sich die eigentlichen Früchte („Kerne") befinden. Die Hagebutten sind ellipsoidisch, eiförmig, verkehrt-eiförmig bis kugelig, manchmal noch mit den fünf ungeteilten oder fiederschnittigen Kelchblättern am Rande versehen, am Scheitel von einem Ring (Diskus) gekrönt, am Grunde mit der hellgefärbten Stielnarbe, hohl, scharlachrot bis dunkelrot, glatt, glänzend. Die Fruchtwand ist rot gefärbt, verschieden dick, im frischen Zustande fast knorpelig-hart, brüchig, nach Einwirkung des Frostes teigig-weich. Im Innern sind die Hagebutten reichlich mit starren, brüchigen, einzelligen, am Grunde verdickten und porösen Haaren und mit den einsamigen Schließfrüchten (Kernen) erfüllt; diese sind gelblichweiß, unregelmäßig eiförmig oder drei- bis fünfkantig, Kugelausschnitten gleichend, in den spitzen, behaarten Scheitel zulaufend, am Grunde mehr oder weniger abgerundet, schwach gefurcht oder glatt. Hagebutten sind geruchlos; der Geschmack der weichen Hagebutten ist süß-säuerlich und herb. Die Zusammensetzung des frischen Fruchtfleisches ist folgende: 22 bis 28% Wasser, 12 bis 16% Zucker, 3 bis 4% organische Säuren, 0,2% Pektinstoffe, 4 bis 5% Stickstoffsubstanz, 8 bis 10% Rohfaser. Die noch harten Hagebutten werden von den inneren Haaren und von den Früchtchen befreit und mit Zucker eingekocht. Die Früchte der Apfelrose werden ab August weich und dann zur Bereitung von Marmelade („Salse") und Kompott benützt. Die Hagebutten dienen aber auch zur Herstellung von Hagebuttenwein und Likör. — Bezüglich der Verwertung von gerösteten Früchtchen (Hagebuttenkernen) siehe Heft II, „Kaffee-Ersatzmittel" S. 2.

Produktions- und Handelsverhältnisse. Die Hagebutten stammen aus dem Inlande, spielen jedoch auf unseren Märkten eine untergeordnete Rolle.

29. Ananaskirsche

Ananaskirschen, auch Kapstachelbeeren genannt, sind die Beerenfrüchte der Peruanischen Judenkirsche, Physalis peruviana L. (Fam.

Solanaceae), die in Südamerika einheimisch ist, jetzt in allen wärmeren Ländern kultiviert wird und daselbst auch verwildert, bei uns mitunter im warmen Obstbaugebiet im Freien, sonst im Mistbeet gezogen wird.

Die Ananaskirschen sind von einem viel größeren, aufgeblasenen, an der Mündung vollständig zusammengezogenen, trockenen Fruchtkelch umhüllt, der bei der Marktware mitunter fehlt. Beeren fast kugelig, von der Größe einer größeren Kirsche, hellgelb, etwas klebrig, saftigfleischig, zweifächerig mit gleich großen Fächern und mit zahlreichen kleinen Samen. Die Ananaskirschen haben einen angenehmen Geruch, der an Ananas erinnert und schmecken säuerlich-süß. Sie werden zum Teil roh, meist aber in Zucker eingemacht genossen.

Produktions- und Handelsverhältnisse. Die Ananaskirschen sind für den Handel ohne wesentliche Bedeutung.

Anmerkung. Auch die Früchte unserer einheimischen Judenkirsche, Physalis Alkekengi L., werden hie und da in Zucker eingemacht genossen.

30. Wacholderbeere

Wacholderbeeren, Krähenbeeren („Kranbeeren, Kranabitter, Kronawetter") sind die „Beerenzapfen" des (Gemeinen) Wacholders oder Wacholderstrauches, Juniperus communis L. (Klasse Coniferae, Fam. Cupressaceae). Dieser Nadelholzstrauch ist bei uns heimisch.

Wacholderbeeren sind ungefähr kugelig oder breit-eirundlich, mitunter angedeutet dreikantig, ihr Durchmesser beträgt etwa 6 bis 8 mm; sie haben am oberen Ende eine dreieckige Vertiefung und an deren Rand drei kleine stumpfe Höcker. Ihre Farbe ist dunkelrotbraun bis schwarzbraun; im frischen Zustande sind sie bläulich bereift, nach Entfernung des Reifes glänzend und glatt. In das grünliche Fruchtfleisch sind drei hellbräunliche harte Samen von länglicher, stumpfkantiger Gestalt eingebettet. Wacholderbeeren haben einen aromatischharzigen Geruch und Geschmack; nach Einwirkung von Frost werden sie süßlich. Sie enthalten bis zu 40% Zucker, 0,5 bis 1,2% ätherisches Öl, unter 5% Asche. Wacholderbeeren werden weniger zum Rohgenuß, mehr in getrocknetem Zustande als Gewürz, Medizinaldroge und Räuchermittel verwendet. Auch werden sie in Zucker eingelegt und in größerer Menge zur Branntweinbrennerei gebraucht.

Produktions- und Handelsverhältnisse. Wacholderbeeren werden nur an wildwachsenden Sträuchern gesammelt. Sie kommen vorwiegend aus dem Inlande (besonders aus Gebirgsgegenden), zum Teil auch aus dem Auslande (Jugoslawien, Ungarn, Italien, Frankreich). Die Versendung erfolgt in Säcken, der Verkauf nach Gewicht. Sie spielen auf den Märkten nur eine untergeordnete Rolle. Die Industrie bezieht die Ware unmittelbar aus den Produktionsgebieten im Sammelwege. — Über getrocknete Wacholderbeeren vgl. Heft XX, „Gewürze", S. 25/26.

Anmerkung. Genießbare beerenähnliche Früchte sind endlich noch jene des Sanddornes, Hippophaë rhamnoides L. (Fam. Elaeagnaceae). Dieser dornige Strauch findet sich in den Alpenländern, besonders längs der Flüsse wildwachsend. Die Sanddornbeeren sind länglichrund, etwa 7 bis 8 mm lang, leuchtend orangerot und (wie die schmalen Blätter) mit silberglänzenden Schülferhaaren besetzt; ihr weiches Fruchtfleisch umschließt einen einzigen, großen, harten Kern. Die fruchttragenden Zweige kommen wegen ihres schönen Aussehens im Herbste häufig auf den Markt. Die Früchte selbst sind genießbar, aber geringwertig und bilden in Österreich kein marktgängiges Obst.

D. Melonenartiges Obst

Als melonenartiges Obst werden fleischige Früchte von ansehnlicher Größe bezeichnet, deren fleischige Fruchtwand nach außen in eine derbe, ungenießbare Schale übergeht und welche im Inneren zahlreiche Kerne enthalten; sie stammen durchwegs von Kürbisgewächsen (Cucurbitaceae).

31. Zuckermelone

Zuckermelonen oder Melonen im engeren Sinne sind die Früchte von Cucumis Melo L. (Fam. Cucurbitaceae-Cucurbiteae); diese krautige Pflanze stammt aus Indien und wird in zahlreichen Sorten auch in Europa kultiviert.

Zuckermelonen sind etwa faustgroß bis kopfgroß, kugelig oder länglichrund, mitunter auch etwas zusammengedrückt (plattrund), nicht selten gerippt. Die Schale ist mehr oder weniger derb, von gelber oder grüner Farbe, glatt, rauh oder genetzt, d. h. mit einem erhabenen, graubraunen, narbigen Netz von Korkgewebe teilweise oder ganz überzogen („Netzmelonen"). Das Fruchtfleisch ist weißlich, grünlich, gelb oder orangefarbig, sehr saftreich und enthält in drei bis (bei gerippten Früchten) ziemlich vielen Fächern sehr zahlreiche Samen. Diese sind plattgedrückt, im Umriß eiförmig, scharfrandig, glatt, weiß. Der Geruch der Zuckermelonen ist aromatisch; der Geschmack aromatisch, süß. Die chemische Zusammensetzung ist im allgemeinen folgende: 92 bis 96% Wasser, bis zu 3,5% Gesamtzucker, 0,3% freie Säure (als Äpfelsäure berechnet), 1 bis 2% Stickstoffsubstanz, 1 bis 1,3% Rohfaser, 0,3 bis 0,6% Asche; kein Pektin. Zuckermelonen dienen zum Rohgenuß, zur Bereitung von Kompott, zum Einlegen als Dunstobst, zum Kandieren und zur Herstellung von Likören. — Die zahlreichen Sorten verteilen sich auf mehrere Sortengruppen, von denen folgende genannt seien: Ananasmelonen: Gerippt oder seltener ungerippt; Schale meist gelb, seltener grün oder gelb und grün gestreift, rauh, nicht genetzt; Fruchtfleisch lichtgelb bis dunkelorange, mit stark aromatischem Geruch und Geschmack nach Ananas. — Togomelonen: Ungerippt, oval oder eirund; Schale lichtgrünlich bis hellgelb, ganz glatt oder zum Teil leicht genetzt (die Netzung, wenn überhaupt vorhanden, überzieht höchstens etwa zwei Drittel der Frucht); Fruchtfleisch im äußeren Teil grünlich, gegen die Mitte zu gelblich bis gelb. — Turkestanmelonen: Ungerippt; Schale ausgesprochen grün (dunkelgrün bis lichtgrün), zur Gänze stark genetzt; Fruchtfleisch durchgehends grünlich gefärbt. — Cantaloupen: Mit unregelmäßigen warzenartigen Anschwellungen und Wülsten, meist gerippt, oft plattrund; Schale grün, zuletzt gelb; Fleisch orangefarbig, verhältnismäßig fest.

Produktions- und Handelsverhältnisse. Zuckermelonen gelangen von Juni bis Oktober, und zwar zuerst aus inländischen Treibhäusern und aus Frankreich, später aus Ungarn, Jugoslawien, Italien, Rumänien, Bulgarien, Griechenland, sowie von inländischen Freilandkulturen auf den Markt. Im Inlande, besonders in Gärtnereibetrieben werden zumeist Ananasmelonen gezogen.

Man versendet die Melonen in loser Schüttung, in Körben, Steigen und Plateaux, Erstlingsfrüchte („Primeurs") in Watte oder dergleichen verpackt in Kistchen oder Kartons. Gehandelt werden Melonen im großen nach Gewicht, im kleinen nach Gewicht und nach Stück, zum Teil auch in zerteiltem Zustande, wobei sie gegen Staub, Verunreinigung und Insekten entsprechend zu schützen sind. — Überreife Melonen können zu Gesundheitsstörungen Anlaß geben. Unter Umständen sind sie, je nach dem Grade der Überreife, als verdorben oder als gesundheitsschädlich zu beurteilen.

32. Wassermelone

Wassermelonen sind die Früchte von Citrullus vulgaris Schrad. (Fam. Cucurbitaceae-Cucurbiteae). Diese krautige Pflanze stammt aus dem tropischen Afrika und wird in allen wärmeren Ländern kultiviert, besonders auch in Südeuropa und den wärmeren Teilen Mitteleuropas.

Wassermelonen sehen Kürbissen ähnlich, sind meist sehr groß, etwa $1^1/_2$ kg bis über 20 kg schwer, kugelig oder länglichrund. Ihre Schale ist derb, weißlichgrün bis dunkelgrün, manchmal verschiedenartig gefleckt oder gestreift, stets glatt. Das Fruchtfleisch ist meist rot, seltener weißlich oder gelblich und enthält in drei Fächern die sehr zahlreichen flachen Samen (Kerne). Diese sind in der vollreifen Frucht schwarz, in der noch nicht vollreifen, aber bereits genußfähigen Frucht braun oder gelb, in der unreifen Frucht weiß. Der Geschmack der Wassermelonen ist wässerig-süßlich, etwas fade, nicht aromatisch, der Geruch ist schwach. Wassermelonen enthalten über 90% Wasser, bis zu 6% Zucker, gegen 1% Stickstoffsubstanz, 0,3% freie Säure (als Äpfelsäure berechnet), kein Pektin, 1 bis 1,3% Rohfaser. Wassermelonen dienen fast ausschließlich zum Rohgenuß.

Produktions- und Handelsverhältnisse. Wassermelonen werden in großen Mengen im Inland gebaut, bei Bedarf auch aus Ungarn, Jugoslawien, Rumänien, Bulgarien und Italien eingeführt, und zwar von August bis Oktober. Die Versendung erfolgt in loser Schüttung. Man verkauft sie nach Gewicht, im Kleinhandel auch nach Stück und im zerkleinerten Zustand, wobei sie gegen Staub, Verunreinigung und Insekten zu schützen sind. Wassermelonen mit lichtem (weißlichem oder gelblichem) Fleisch sind weniger beliebt und müssen als solche bezeichnet werden. — Überreife Wassermelonen können zu Gesundheitsstörungen Anlaß geben. Unter Umständen sind sie, je nach dem Grade der Überreife, als verdorben oder als gesundheitsschädlich zu beurteilen.

E. Schalenobst

Als Schalenobst bezeichnet man ölreiche oder stärkereiche Samen von Früchten, deren Fruchtwand meist ungenießbar ist. Sie stammen von verschiedenen Laubhölzern, seltener von Nadelhölzern.

33. Walnuß

Walnüsse, welsche Nüsse oder kurzweg Nüsse, sind die von der fleischigen, unregelmäßig aufreißenden Außenschale befreiten Steinkerne des aus dem Orient stammenden, bei uns kultivierten Walnußbaumes, Juglans regia L. (Fam. Juglandaceae).

Walnüsse sind rundlich oder rundlich-eiförmig, haben einen Durchmesser von etwa 1,5 bis 5 cm. An der Grenze der zwei beinharten Schalenhälften befindet sich eine wulstige Verwachsungsnaht, am Scheitel sind die Nüsse meist kurz zugespitzt, am Grunde abgerundet oder etwas eingezogen. Ihre Oberfläche ist netzig-grubig, ihre Farbe hellbräunlich bis dunkelbraun. Das Innere ist unvollkommen zwei- bis vierfächerig (am Grunde vier-, am Scheitel zweifächerig) und enthält einen großen Samen (Kern), der nur aus dem Keim selbst besteht. Der Samen ist an dem scheidewandartigen, zweiflügeligen Samenträger angewachsen, (zwei- bis) vierlappig, tiefgrubig gerunzelt, von einer gelblichen bis gelbbraunen, dunkler geaderten, bei frischen Früchten leicht ablösbaren Samenhaut umhüllt, weiß oder gelblich-weiß, brüchig, sehr fettreich, von süß-öligem, angenehmem Geschmack. Frische Walnußkerne enthalten 20 bis 27% Wasser, 11 bis 19% Stickstoffsubstanz (eiweißartige Stoffe), 43 bis 52% fettes Öl, 8,4 bis 12,4% stickstofffreie Extraktstoffe (Stärke und Zucker), 1 bis 2% Rohfaser und bis 2% Asche. Länger gelagerte, getrocknete Walnüsse enthalten unter 10% Wasser, 14 bis 20% Stickstoffsubstanz, 57 bis 64% fettes Öl, 15 bis 20% stickstofffreie Extraktstoffe, 2% Rohfaser, 1 bis 3% Asche. Die Kerne (Samen) der reifen Walnüsse werden teils roh gegessen, teils für verschiedene Mehlspeisen und Zuckerwaren verwendet; auch wird aus ihnen Nußöl gepreßt. Die Samenhaut der frischen, noch nicht getrockneten Walnüsse schmeckt wegen des eigenartigen Gerbstoffgehaltes bitterlich und herbe, weshalb man diese Nüsse in geschältem Zustande genießt (Schälnüsse); an den getrockneten Nüssen macht sich der minder angenehme Geschmack der Samenhaut nur wenig bemerkbar. Unreife grüne Nüsse werden, solange man sie noch mit einer Nadel durchstechen kann, in Zucker eingekocht und als Kompott verwendet. Etwas ältere unreife grüne Nüsse werden in Weingeist eingelegt oder dienen zur Herstellung von Nußlikör und von Haarfärbemitteln.

Produktions- und Handelsverhältnisse. Es gibt von Walnüssen zahlreiche Kultursorten, die sich in der Größe, in der Dicke und Härte der Schale, in deren Runzeligkeit und in anderen Merkmalen unterscheiden. Als „Papiernüsse" bezeichnet man Sorten mit feiner, leicht zerbrechlicher Schale, als „Steinnüsse" Sorten mit dicker, harter Schale und schwer auslösbarem Kern. Große, noch nicht getrocknete Frühnüsse, deren Kerne man ohne die Samenhaut genießt, nennt man „Schälnüsse". Für die Beurteilung der Qualität der Nüsse ist neben Wohlgeschmack und Schönheit insbesondere auch deren Größe und das Gewichtsverhältnis des Kernes zur ganzen Nuß maßgebend. Man pflegt die Nüsse nach ihrer Größe zu sortieren („kalibrieren"). Auch Nußkerne („ausgelöste Nüsse") bilden einen bedeutenden Handelsartikel. Die Nußkerne sortiert man im Handel einerseits in lichte und dunkle Ware, anderseits in Halbe, Viertel und Bruch. Im allgemeinen werden die lichten Sorten bevorzugt und unter diesen die Halben. Bezüglich des Gehaltes der Nüsse an Nußkernen geht der Handel von einem Mittelwert von $33^1/_3$ Prozent aus (d. h. 3 kg Nüsse ergeben 1 kg Nußkerne). Als Grenzen, die selten unter- bzw. überschritten werden, kann man 25% und 42% annehmen.

Die Nüsse unseres Handels kommen zum Teil aus dem Inlande (hauptsächlich Steiermark, Burgenland und Niederösterreich), in größerem Ausmaße jedoch aus Ungarn, Jugoslawien, Italien, Rumänien, Bulgarien und der Türkei, in kleinen Mengen auch aus Frankreich (z. B. Grenoble und Cornis) und aus Kalifornien. Die Versendung erfolgt in loser Schüttung oder in Säcken zum Nettogewicht von 50 kg und 25 kg; Schälnüsse werden auch in Körben und anderen Behältnissen verpackt.

Nüsse, welche in den Marktverkehr gelangen, sollen gesund und (mit Ausnahme der Schälnüsse) trocken sein; sie sollen weder ranzig, noch ölig („verölt"), schimmelig oder „erstickt" sein. Die genannten Arten der Verderbnis sind eine häufige Folge der unzweckmäßigen Lagerung und Versendung, mitunter auch fehlerhaften Vorgehens beim Einsammeln. Eine Handelsware, die mehr als 10 und weniger als 20 Zählprozente schlechter Nüsse enthält, ist als minderwertig zu bezeichnen; der Minderwert hat sich in einem entsprechend erniedrigten Preis auszuwirken. Eine Ware, die mehr als 20 Zählprozente schlechter Nüsse enthält, gilt als verdorben. Vermengung gesunder Ware mit schlechter Ware ist unzulässig und gilt als Verfälschung. Desgleichen ist die Beimischung alter Nüsse (von einer früheren Ernte) zu frischen

Nüssen unzulässig. Ware aus vorjähriger (oder noch früherer) Ernte ist ausdrücklich als solche zu bezeichnen.

Nüsse, in deren Kernen sich Bleich- oder Schönungsmittel (z. B. schweflige Säure, Sulfitlauge, Chlor usw.) in einer für die Gesundheit bedenklichen Menge nachweisen lassen, dürfen nicht in Verkehr gesetzt werden. Hiebei ist eine Menge von mehr als 100 mg schwefliger Säure in 1 kg Nußkernen oder die Gegenwart von Chlor als unzulässig anzusehen. Bezüglich geringerer Mengen vgl. S. 74.

Anmerkung. Den Walnüssen im Aussehen und Geschmack ähnlich sind die Schwarznüsse, d. s. die Nüsse des aus Nordamerika stammenden, bei uns als Zier- und Forstbaum kultivierten Schwarznußbaumes oder Amerikanischen Nußbaumes (Juglans nigra L.); sie sind jedoch kleiner, mehr kugelig und von sehr zahlreichen tiefen Furchen durchsetzt, zwischen denen fast messerscharfe Rippen hervorragen (dadurch von Walnüssen sofort leicht zu unterscheiden); ihre Kerne lassen sich sehr schwer auslösen. Da Schwarznüsse bei reichlichem Genuß Anlaß zu Durchfällen geben können, dürfen sie nicht in den Handel kommen.

Im Aussehen von den Walnüssen viel stärker verschieden sind die Hikorynüsse, die von mehreren in Nordamerika heimischen Arten der Gattung Carya (Familie Juglandaceae) stammen; sie besitzen eine vierteilige Steinschale ohne Wulst an der Verwachsungsnaht. Die wichtigste Art ist Carya alba Miller. Eine andere Art ist Carya olivaeformis Nutt., deren länglich-eiförmige oder ellipsoidische, glatte, sehr wohlschmeckende Nüsse speziell als Olivennüsse (Pekannüsse, Illinoisnüsse) bezeichnet werden; in ihrer Heimat dienen sie auch zur Ölgewinnung.

34. Haselnuß

Haselnüsse sind die von der krautigen, am freien Ende zerschlitzten Fruchthülle (Becher) befreiten Schließfrüchte mehrerer Arten der Gattung Corylus (Fam. Betulaceae-Coryleae), und zwar besonders von der einheimischen Corylus Avellana L. und von der südosteuropäisch-orientalischen Corylus maxima Mill. (= C. tubulosa Willd.), der Lambertnuß, die beide viel kultiviert werden, selten von der gleichfalls südosteuropäisch-orientalischen Corylus Colurna L., der Baumhasel, stammen.

Haselnüsse sind im allgemeinen breit-eiförmig, länglich bis rundlich, meist seitlich etwas zusammengedrückt, etwa 1,5 bis 3 cm lang. Am Grunde besitzen sie einen rundlichen rauhen, hellen Fleck („Boden"); es ist dies die Anheftungsstelle des krautigen Fruchtbechers. Dieser Boden ist verschieden groß, mehr oder minder gewölbt oder fast eben, grau oder grau-bräunlich. Die sonstige Oberfläche der Haselnüsse ist glatt, matt oder glänzend, oft längsstreifig, an dem spitzen oder abgerundeten Scheitel mit staubgrauem Filze bedeckt und mit einem aufgesetzten Spitzchen versehen. Die Steinschale ist etwa 1 bis 2 mm stark, gegen die Spitze etwas verdickt, in den Breitseiten der Länge nach spaltbar, innen rauh. Der von ihr umschlossene Samen (Kern), der nur aus dem Keim besteht und kein Nährgewebe enthält, ist eiförmig-länglich bis fast kugelig oder kegelförmig, zugespitzt, mit 2 bis 4 seichten Längsfurchen versehen, von einer schmutzig-braungelben bis dunkel-rotbraunen aderigen Samenhaut eingehüllt, ölig-hartfleischig, wohlschmeckend. Haselnußkerne sind besonders reich an Fett und Eiweiß. Lufttrocken enthalten sie unter 10% Wasser, 56 bis 66% fettes Öl, 14 bis 18% Stickstoffsubstanz (eiweißartige Stoffe), 3 bis 10% stickstofffreie Extraktstoffe (darunter etwa 2 bis 5% Zucker), 2,5 bis 3% Asche, 3 bis 5% Rohfaser. Die Haselnußkerne werden für sich allein (als Rohkost) gegessen und auch zur Herstellung von Backwerk, Schokoladewaren u. dgl., sowie zum Pressen von Haselnußöl verwendet.

Produktions- und Handelsverhältnisse. Die aus der sehr ungleich ergiebigen inländischen Produktion stammenden Haselnüsse werden nur mit Schale gehandelt. Die inländische Produktion vermag den Bedarf nie vollständig zu decken; daher kommen ganze Haselnüsse hauptsächlich aus Italien (z. B. Sizilien, Neapel, Istrien), in geringerer Menge aus der Levante, aus Rußland und Spanien zur Einfuhr. Haselnußkerne werden in erster Linie aus der Levante eingeführt, und zwar vornehmlich aus Kerasund (= Kiresün, bei Trapezunt), teilweise auch aus Italien und Spanien.

Die Verpackung der ganzen Haselnüsse erfolgt durchwegs in Säcken, und zwar in der Regel zu 50 kg, vereinzelt zu 100 kg. Die Verpackung der Haselnußkerne erfolgt in Säcken, und zwar aus der Levante zu 80 kg, aus Italien zu 50 kg, aus Spanien zu 100 kg (durchwegs brutto für netto).

Haselnüsse in Schalen haben gesunde Kerne zu enthalten und müssen daher ebenso wie Haselnußkerne trocken und luftig versendet und gelagert werden. Haselnußkerne dürfen nicht ranzig, schimmelig oder „erstickt" sein. Für ihre Beurteilung gelten die gleichen Richtlinien wie bei Walnüssen.

35. Edelkastanie

Kastanien („Kästen"), Edelkastanien, Maroni oder Maronen sind die von der Fruchthülle befreiten Früchte des echten Kastanienbaumes, Castanea sativa Mill. (C. vulgaris Lam., C. vesca Gaertn., Fam. Fagaceae). Er ist in Südeuropa und auch noch in den wärmsten Teilen Mitteleuropas heimisch. Die in den Handel kommenden Kastanien stammen fast durchwegs von kultivierten Bäumen.

Kastanien sind breit-eiförmig bis queroval, in der Regel auf einer Seite abgeplattet, auf der anderen gewölbt; am Grunde besitzen sie einen großen hellbraunen „Boden" (Ablösungsstelle der Fruchthülle), der bald eben, bald gewölbt ist; am Scheitel laufen sie in einen kurzen oder längeren, filzigen Schnabel aus, der die vertrocknete Blütenhülle und die steifen, borstenförmigen Griffelreste trägt. Die Fruchtschale ist hart, spröde, brüchig, außen dunkelbraun (kastanienbraun), meridional breit schwärzlich gestreift, glatt, glänzend; innen ist sie mit einem Filz langer, weißer oder gelber, feiner Haare dicht ausgekleidet. Der einzige Same besteht aus zwei großen Keimblättern und einem gegen die Spitze gerichteten Würzelchen und ist von einer dünnen Samenhaut umhüllt. Die Samenhaut ist trocken, lichtbraun, glänzend, am Grunde mit dem großen buchtig-zackig oder sternförmig konturierten Nabel versehen. Die mehr oder minder zerklüfteten und teilweise miteinander verwachsenen Keimblätter sowie das zylindrische Würzelchen sind hart-fleischig, weiß oder gelblich, sehr stärkereich. Der Geschmack der rohen Kastanien ist süß, mehlig, leicht gewürzhaft; der etwas herbe Beigeschmack der rohen Kastanien verliert sich beim Rösten oder Kochen. Lufttrockene Kastaniensamen enthalten unter 10% Wasser, 70 bis 77% stickstofffreie Extraktstoffe (hauptsächlich Stärke, auch etwas Zucker), 6 bis 10% Stickstoffsubstanz (eiweißartige Stoffe), 2 bis 7% fettes Öl, 2 bis 3% Asche. Kastanien werden geröstet, gekocht und in verschiedener sonstiger Zubereitung genossen, als Zutat zu allerlei Speisen verwendet und fabriksmäßig zu Kastanienmehl verarbeitet.

Produktions- und Handelsverhältnisse. Im Handel unterscheidet man meistens zwischen Edelkastanien (Maroni), das sind solche Kastanien, deren Samenhaut sich leicht abschälen läßt, weil sie nicht oder nur ganz unbedeutend in die Furchen des Samens hineingewachsen ist, und gewöhnlichen Kastanien („Kästen"), das sind solche Kastanien, deren Samen stärker zerklüftet sind, wobei die Samenschale zwischen die einzelnen Teile derart hineingewachsen ist, daß sie sich nicht ohne Beschädigung oder Zerteilung des Samens ablösen läßt.

Die einheimischen Kastanien stammen hauptsächlich aus dem Burgenland und aus Steiermark; diese Kastanien kommen von Ende September bis Anfang November auf den Markt. Von etwa Mitte Oktober an werden Kastanien aus Jugoslawien und in noch höherem Maße aus Italien, gelegentlich auch aus anderen südlichen Ländern eingeführt.

Die Verpackung der Kastanien erfolgt in Säcken zu 30 oder 50 kg brutto oder in loser Schüttung, seltener (aus dem Etschtal) in Fässern.

Im Handel ist für die Beurteilung der Qualität außer der sonstigen guten Beschaffenheit auch die Sortierung nach der Größe maßgebend; letztere schwankt von 45 bis 120 Stück per Kilogramm. Außer ganzen (ungeschälten) Maroni kommen in geringerem Ausmaße auch geschälte und zu diesem Zweck vorher geröstete Maroni (Schälmaroni) in den Handel. Für Röstzwecke sind infolge ihrer Qualität Florentiner Maroni besonders geeignet, wogegen Neapolitaner Maroni für Koch- und Konditorzwecke vorgezogen werden.

Wenn sich die Maroni weich und kautschukartig anfühlen und zugleich ihre Schale eine schwärzliche („rußige") Färbung hat, so ist dies ein Zeichen für Verdorbenheit. Eine Handelsware, die mehr als 10, aber nicht mehr als 20 Zählprozente schlechter Maroni enthält, ist als minderwertig zu bezeichnen; der Minderwert hat sich in einem entsprechend erniedrigten Preise auszuwirken. Eine Ware, die mehr als 20 Zählprozente schlechter Maroni enthält, gilt als verdorben. Vermengung gesunder Ware mit schlechter Ware ist unzulässig und gilt als Verfälschung, desgleichen die Vermengung von Kastanien (Edelkastanien) mit Roßkastanien.

36. Zirbelnuß

Zirbelnüsse, Zirbennüsse oder Zirbeln sind die Samen der Zirbe, Zirbelkiefer oder Arve, Pinus Cembra L. (Klasse Coniferae, Fam. Abietaceae). Dieser Baum ist in den Alpenländern heimisch, wächst daselbst nur in größerer Höhenlage, in einzelnen Gegenden noch ziemlich häufig.

Zirbelnüsse sind eiförmig-länglich, stumpfkantig, mit einer stark gewölbten und einer flacheren Seite, etwa 9 bis 14 mm lang und 6 bis 8 mm dick; ihre Farbe ist mattbraun. Die harte Samenschale umschließt den hellbraunen, eiförmigen oder länglichen Keim, der in Konsistenz und Geschmack an einen kleinen Pinienkern (vgl. S. 67) erinnert. Ausgelöste lufttrockene Zirbelnußkerne enthalten unter 10% Wasser und etwa 36% fettes Öl. Die Verwendung der Zirbelnüsse ist jener der Pinienkerne ähnlich. Außer für den menschlichen Genuß dienen sie auch als Futter für manche Vögel. Sie spielen nur in manchen Alpengegenden eine lokale Rolle.

Anmerkung. Nur lokale Bedeutung für wenige Gegenden Österreichs (bes. für das Kärntner Seengebiet) haben die Wassernüsse, die Früchte von Trapa natans L. (Fam. Oenotheraceae oder Hydrocaryaceae), einer Wasserpflanze, die in Seen und Altwässern klimatisch begünstigter Gegenden von Mitteleuropa und anderen Teilen der Alten Welt wild wächst. Die anfänglich vorhandene hellbraune, fleischige Hülle der Frucht verwittert frühzeitig, so daß nur die Steinschale mit dem darin eingeschlossenen genießbaren Samen (Kern) erhalten bleibt. In diesem Zustande ist die Wassernuß schwarzbraun, hart, ziemlich glatt, etwa 2 bis 3 cm hoch und 2,5 bis 4 cm breit, gegen die Enden verschmälert, am Umfang mit vier (selten nur zwei) auffallend großen, paarweise ungleichen Hörnern besetzt. Der Same ist von einer dünnen braunen Haut überdeckt, innen weißlich, von mandelähnlicher Konsistenz. Er ist sehr reich an Stärke und auch ziemlich eiweißreich, aber sehr fettarm. Im Geschmack erinnert er an Edelkastanien. Die Wassernüsse werden meist gekocht oder geröstet verzehrt.

F. Agrumen

Als „Agrumen" bezeichnet der Großhandel saftige Südfrüchte, deren Schale im äußeren Teil dicht von Drüsen, die ätherisches Öl enthalten, durchsetzt ist, und deren Fruchtfleisch aus radial angeordneten, voneinander ablösbaren Fächern („Spalten", z. B. Orangenspalten) besteht. Sie stammen durchaus von Arten der Gattung Citrus (oder von nächst verwandten Gattungen) aus der Familie Rutaceae.

37. Orange

Orangen, Apfelsinen oder Pomeranzen sind die Früchte des Orangenbaumes, Citrus Aurantium L. (Citrus vulgaris Risso, Fam. Rutaceae-Aurantioideae); seine Heimat ist Südostasien (wahrscheinlich Cochinchina und Süd-China); gegenwärtig wird er in den gesamten Tropen und Subtropen, besonders aber im Mittelmeergebiet kultiviert. Die zum Rohgenuß zumeist verwendeten süßen Orangen, meist schlechtweg Orangen (in Deutschland Apfelsinen) genannt, stammen von Citrus Aurantium L. var. sinensis L. (oder Citrus sinensis [L.] Osbeck), die Bitterorangen (in Deutschland Pomeranzen genannt) von Citrus Aurantium L. var. amara L., die kleinfrüchtigen „Chinois" von Citrus Aurantium L. var. myrtifolia Raf.

Orangen haben eine fast kugelige bis eiförmige abgeplattete Form und einen mittleren Durchmesser von 5 bis 10 cm, nur ausnahmsweise darüber. Am Grunde (Stielende) sind sie mit dem (meist sternförmig fünfzipfeligen) Reste des Kelches versehen und häufig etwas eingezogen-vertieft, seltener zitzenartig vorgezogen; am entgegengesetzten, meist abgeflachten Ende zeigen sie gewöhnlich einen dunklen Punkt (Abbruchstelle des Griffels). Die Farbe der Orangen ist orange bis dunkelrot, selten hellgelb. Die Oberfläche hat feinere oder gröbere Erhabenheiten und Vertiefungen, sie ist „kleinporig" bis „großporig", manchmal fast glatt, stets von zahlreichen hellen „Öldrüsen" (richtiger Ölräumen) übersät. Von der sehr verschieden starken Fruchtschale ist nur die äußerste Schicht mit der charakteristischen Färbung versehen und von hellen Drüsen, die ätherisches Öl führen, durchsetzt; die viel dickere innere Schicht ist weiß oder gelblichweiß, schwammig. Das Innere der Frucht besteht aus 8 bis 11 voneinander ablösbaren Fächern („Orangenspalten"). Deren häutige Wand umschließt das aus „Safthaaren" gebildete Fruchtfleisch und im innersten Winkel 2 bis 3 eiförmige Samen (Kerne), die nur bei den sogenannten „kernlosen" Sorten meistens fehlen. Die Farbe des sehr saftreichen Fruchtfleisches ist gelb („blond") oder gelb mit roten Spritzern oder roten Adern durchzogen, lichtrot, blutrot bis tiefdunkelrot.

Eine nicht seltene Bildungsabweichung sind die sogenannten „Nabelorangen"; sie besitzen am Griffelende (dem Kelchrest gegenüber) einen kleinen Auswuchs, der aus einem zweiten, kleineren (oder verkümmerten) Kreise von Fruchtfächern (Orangenspalten) gebildet ist (vgl. S. 47).

Die Orangen haben einen aromatischen Geruch und einen säuerlichsüßen bis rein süßen Geschmack. Sie enthalten etwa 85% Wasser, 6 bis 10% Gesamtzucker (davon nur sehr wenig Rohrzucker), etwa 0,5 bis 1% freie Säure, und zwar Zitronensäure, 1% Stickstoffsubstanz, 0,5% Asche. Die Orangen dienen in erster Linie zum Rohgenuß und liefern außerdem ein vielgebrauchtes Ausgangsmaterial für die Fruchtsäfte-, Konserven-, Zuckerwaren- und Likörerzeugung. Die „bitteren Orangen" (Pomeranzen), welche saures Fleisch und bittere Schale besitzen, finden in der Erzeugung von Jams und Marmeladen Verwendung. Die „Chinois" sind langgestielte, sehr kleine, höchstens nußgroße, grüne oder gelbe Früchte, die meistens in unreifem Zustande kandiert werden; man legt sie gleich nach der Ernte in Salzlake ein und beläßt sie darin bis zur weiteren Verarbeitung. Schalen gewöhnlicher süßer Orangen, in verschiedene Formen zerschnitten und in Zucker kandiert, heißen „Arancini". Getrocknete Orangenschalen dienen als Gewürz und Droge sowie zu späterer Herstellung von Arancini.

Produktions- und Handelsverhältnisse. Orangen stellen einen sehr wichtigen Handelsartikel dar. Sie kommen hauptsächlich aus Italien (wichtigste Produktionsgebiete Sizilien und Kalabrien, kleinere Produktionsgebiete Sorrento und Rodi), ferner aus Spanien (Murcia, Valencia und Gandia), sodann aus Griechenland, Zypern, Syrien, Palästina (Jaffa), Nordafrika, Südafrika (Kapland), Nordamerika (Kalifornien und Florida) und Südamerika (Brasilien).

Nach der Farbe unterscheidet man im Handel gelbe Orangen („Blondorangen") und Blutorangen („Sanguigni"). Blondorangen haben orangegelbe Schale und hellgelbes bis orangegelbes Fruchtfleisch. Blutorangen sind ein Sammelbegriff für Doppelblutorangen („Doppio sanguigni") und Halbblutorangen („Sanguinelli"); Doppelblutorangen müssen im Fruchtfleisch und in der Fruchtschale rot gefärbt sein; Halbblutorangen haben entweder gelbe Schale und mehr oder weniger rotes (zumindest mit roten Spritzern oder roten Adern versehenes) Fruchtfleisch, oder sie haben eine mehr oder minder rötliche bis rote Schale und gelbes („blondes") Fruchtfleisch. Von ungefähr Anfang März bis Ende der Saison kommt es vor, daß sich bei Doppelblutorangen die Schalen entfärben (blond färben), während gleichzeitig die rote Farbe des Fruchtfleisches intensiver wird. Die in den Handel kommenden Mischungen von Doppelblut- und Halbblutorangen werden schlechthin nur als Blutorangen bezeichnet. Mit dem Ausdruck „sfacciato" bezeichnet der Handelsbrauch Orangen mit deutlicher Rotfärbung der Schale zumindest auf einer Seite. Blutorangen kommen aus Italien und Spanien in den österreichischen Handel.

Nabelorangen (vgl. S. 46) sind nicht sehr saftreich, sondern mehr fleischig, fast kernlos und sehr süß. Sie werden in größeren Mengen aus Spanien eingeführt.

Innen vertrocknete oder fast vertrocknete („strohige") Orangen — sei nun dieser Zustand auf die Einwirkung von Frost auf die am Baume befindliche Frucht zurückzuführen oder durch die sehr weit vorgeschrittene Jahreszeit bedingt — sind, die Schale ausgenommen, wertlos.

Orangen, welche beim Transport oder bei der Lagerung gefroren waren, haben nach dem Auftauen einen bitteren Geschmack und sind ungenießbar. Dies gilt für alle Agrumen.

Auf der Oberfläche der Schalen der Orangen findet man nicht selten kleine dunkle Fleckchen von schmallänglicher, zugespitzter Form mit sehr scharfer Begrenzung. Es sind dies aufgelagerte Schildläuse. Diese beeinträchtigen zwar die Schönheit der Frucht und die Verwendbarkeit der Orangenschalen, sind aber für den Genuß der Orangen vollkommen belanglos.

Die Versendung italienischer Orangen geschieht in loser Schüttung (alla rinfusa), in Körben von 20 bis 30 kg brutto, in Steigen von 15 bis 30 kg brutto, in Kisten zu 128, 160, 200, 300 und 360 Stück und in „Halbkisten" zu 64, 80, 100, 150 und 180 Stück. Die einzelnen Früchte werden bei Kistenware stets in Seidenpapier gewickelt; die Ware in loser Schüttung, in Körben und in Steigen kommt gewickelt oder ungewickelt zum Versand. Die Versendung der spanischen Orangen erfolgt in loser Schüttung, in Steigen zu 25 bis 30 kg brutto (beides gewickelt oder ungewickelt), in Kisten nach italienischer Art zu 160, 200 und 300 Stück und in größeren Kisten (Verschlägen) zu 160 bis 1024 Stück (Kistenware stets gewickelt). Aus den übrigen Produktionsländern kommen die Orangen nur in Kisten, und zwar von sehr verschiedenen Ausmaßen zum Versand.

Blutorangen gelangen nur von Ende Dezember bis Ende April zu uns; die übrigen Orangen kommen aus dem Mittelmeergebiet und aus Nordamerika von November bis Mai, aus Südafrika und Südamerika in den Sommermonaten, jedoch in geringerer Menge.

Der Verkauf der Orangen erfolgt im Großhandel bei Kistenware nach Kisten, sonst nach Gewicht, im Kleinhandel nach Gewicht und nach Stück.

In den Kleinhandel gelangen auch geschälte Orangen; sie sind das Nebenprodukt der inländischen Orangenschalenindustrie, die hauptsächlich für den Export arbeitet. Das Schälen der Orangen und das Manipulieren mit geschälten Orangen darf nur in hygienisch und sanitär einwandfreien Räumen und nur von gesunden (vgl. S. 77) Personen vorgenommen werden. Geschälte Orangen verderben leicht (Schimmelbildung) und sind in geeigneter Weise vor jeder Verunreinigung zu schützen.

38. Mandarine

Mandarinen sind die Früchte des in Südost-Asien (Süd-China oder Cochinchina) heimischen Mandarinenbaumes, Citrus nobilis Lour. (Fam. Rutaceae-Aurantioideae), der in wärmeren Ländern, insbesondere auf den Sundainseln und in Südeuropa viel kultiviert wird.

Mandarinen sind den Orangen verwandt; sie unterscheiden sich von ihnen hauptsächlich durch die plattrunde Form, die dünne, leicht ablösbare Schale und das sehr charakteristische Aroma. Sie haben einen Querdurchmesser von etwa 4,5 bis 8 cm und eine Höhe von etwa 3,5 bis 5,5 cm; mitunter sind sie am Stielende ein wenig vorgezogen. Schale und Fleisch sind heller oder dunkler orangefarbig. Der Geschmack ist säuerlich-süß, im allgemeinen weniger säuerlich als bei Orangen und stets von anderem Aroma. Der Geruch ist sehr charakteristisch. Die chemische Zusammensetzung ist jener der Orangen ähnlich. Man verwendet Mandarinen hauptsächlich zum Rohgenuß, zum Teil auch zur Likörfabrikation.

Produktions- und Handelsverhältnisse. Mandarinen sind ein bedeutender Handelsartikel. Sie werden von Anfang Oktober bis Ende März aus Griechenland, Spanien und Italien (Sizilien und Unteritalien), in den Sommermonaten in geringer Menge aus Argentinien eingeführt. Die Versendung erfolgt (vorwiegend in Seidenpapier gewickelt) in loser Schüttung (alla rinfusa), in Steigen, Körben, Kistchen, Plateaux und schließlich (Erstlingsfrüchte, „Primeurs") in kleinen Luxuspackungen. Der Verkauf erfolgt im Großhandel nach Gewicht, im Kleinhandel nach Gewicht und nach Stück.

Mandarinen, welche beim Transport oder bei der Lagerung gefroren waren, haben nach dem Auftauen einen bitteren Geschmack und sind ungenießbar.

39. Grape fruit

Die Grape fruit ist die Frucht von Citrus paradisi Macfadyen (Citrus maxima [Burm.] Merrill var. racemosa [Risso et Poiteau]; Fam. Rutaceae-Aurantioideae). Es ist dies eine Kulturpflanze unsicherer Herkunft; meist betrachtet man sie als Varietät oder Bastard der Pampelmuse, Pompelmus, Pumelo oder Riesenorange, Citrus maxima (Burm.) Merrill (C. decumana L., C. hystrix DC. var. decumana Warburg; Fam. Rutaceae-Aurantioideae). Die ursprüngliche Heimat der Riesenorange ist Südost-Asien (wahrscheinlich die Philippinen), die Grape fruit hingegen scheint in Westindien in der Kultur entstanden zu sein; sie wird jetzt hauptsächlich in den Südstaaten Nordamerikas (Florida, Kalifornien usw.), in Westindien und im Mittelmeergebiet kultiviert.

Die Grape fruit ist fast genau kugelförmig, am Stielende mitunter etwas eingezogen; sie hat einen Durchmesser von etwa 7 bis 12 cm, ist also meist größer als eine Orange. Die Schale ist ziemlich glatt und haftet stark an den Fruchtfächern. Die Grape fruit unterscheidet sich von einer Orange ferner besonders durch die zitronengelbe Farbe der Schale, durch das blaßgelbe Fruchtfleisch mit fast wasserhellem Saft sowie durch ganz anderen Geruch und Geschmack. Letzterer ist säuerlich mit einem pikant-bitteren Beigeschmack. Die Frucht enthält (in ihrem genießbaren Anteil, d. h. Fruchtfleisch) 85 bis 88% Wasser, 6 bis 8% Zucker (davon rund 30% Rohrzucker), 2% organische Säuren (besonders Zitronensäure), etwa 1% Stickstoffsubstanz, 2% Rohfaser, 0,4% Asche. Grape fruits dienen nur zum Rohgenuß.

Produktions- und Handelsverhältnisse. Grape fruits werden nur in geringer Menge eingeführt, und zwar aus Nordamerika, Südafrika, Palästina, Spanien und Italien. Die Versendung erfolgt in Kisten von verschiedener Stückzahl. Sie werden im großen nach Kisten, im kleinen nach Stück gehandelt.

Anmerkung. Viel seltener eingeführt als die Grape fruit wird die eigentliche Pumelofrucht (Pomello oder Riesenorange, siehe S. 49). Sie wird außer in ihrer südostasiatischen Heimat besonders auch in Palästina (Distrikt Jaffa) kultiviert. Sie ist der Grape fruit ähnlich, aber bedeutend größer (Durchmesser bis etwa 15 cm), eiförmig bis birnförmig, 0,5 bis 1,5 kg schwer, hat eine dickere Schale und einen milderen, viel weniger bitterlichen, aber aromatischeren Geschmack. Die Frucht wird zunächst geschält, indem man die Schale in mehreren Längsstreifen abzieht und dann in die einzelnen (11 bis 14) Spalten zerlegt; diese werden nach Entfernung der Haut ungezuckert oder gezuckert gegessen. Pumelomark eignet sich als Zusatz zu Obstsalat sehr gut. Die dicke Schale dient zu zitronatartiger Kandierung.

40. Kumquat

Kumquats oder japanische Orangen sind die Früchte von Fortunella japonica (Thunb.) Swingle (Citrus japonica Thunb., Fam. Rutaceae-Aurantioideae). Dieser Strauch ist in Südchina heimisch, wird in Japan seit sehr langer Zeit kultiviert und befindet sich neuerdings auch in anderen wärmeren Ländern, z. B. im Mittelmeergebiet, in Kultur.

Die Kumquats sind länglich-rund, mitunter gegen das Stielende etwas verschmälert, seltener fast kugelig, etwa 2,5 bis 4 cm lang und 2 bis 3 cm im Querdurchmesser. Die Schale ist der einer Orange ähnlich, aber viel dünner; ihre Farbe ist orangegelb, oft mit roten Punkten besetzt. Der innere Bau der Frucht erinnert an eine Orange, doch enthält sie nur 4 bis 5, selten 6 Fächer. Geruch und Geschmack sind orangenähnlich. Die Frucht wird samt der Schale gegessen. Sie dient zum Rohgenuß, als Kompott, zum Einsieden und zum Kandieren.

Produktions- und Handelsverhältnisse. Kumquats kommen in Österreich nur selten auf den Markt, und zwar größtenteils über Marseille.

41. Zitrone

Zitronen oder Limonen (Limoni) sind die Früchte von Citrus medica L. var. Limon L. (Citrus Limonia Osbeck, Citrus Limonum Risso, Fam. Rutaceae-Aurantioideae). Die Heimat dieses Baumes ist Südasien (wahrscheinlich Indien oder Südchina); gegenwärtig wird er in vielen wärmeren Ländern, besonders auch im Mittelmeergebiet, kultiviert.

Die Gestalt der Zitronen ist mehr oder minder eiförmig, am Grunde abgerundet oder ein wenig eingezogen oder auch ein wenig oben zitzenförmig ausgezogen; sie sind etwa 5 bis 12 cm lang und 4 bis 8 cm breit. Die Fruchtwand (Schale) ist hellgelb, dünn oder dick, ihre Oberfläche mehr oder minder rauh bis fast glatt, reich an hellen Drüsen mit ätherischem Öl, während der innere Teil der Fruchtwand weiß, schwammig, trocken, fast geruch- und geschmacklos ist. Rauhe Zitronen sind im allgemeinen zugleich dickschaliger, glatte dünnschaliger. Das Innere der Frucht besteht aus 7 bis 10 Fächern, deren häutige Wand das aus „Safthaaren" gebildete Fruchtfleisch und im innersten Winkel 2 bis 3 eiförmige Samen (Kerne) umschließt. Die Farbe des sehr saftreichen Fruchtfleisches ist leicht gelblich. Die Kerne sind etwa eiförmig, zugespitzt, weißlich, bestehen nur aus Samenschale und Keim und schmecken bitter. Das Fruchtfleisch schmeckt aromatisch sauer; es enthält 80 bis 85% Wasser, 3 bis 5% Gesamtzucker, 5 bis 6% Zitronensäure, 0,6% Asche. Zitronensaft dient in der Küche zum Säuern und Würzen von Speisen und Getränken, ferner zur Herstellung von Limonaden, Fruchtsäften, kristallisierter Zitronensäure usw. Zitronenschalen werden frisch und getrocknet als Gewürz, getrocknet auch als Droge verwendet.

Produktions- und Handelsverhältnisse. Die Zitronen werden zum größten Teil aus Italien (hauptsächlich Sizilien, Kalabrien, Sorrent, Rodi, Gardasee), ferner aus Syrien, Palästina und Griechenland, in geringen Mengen auch aus Spanien eingeführt. Sie sind das ganze Jahr hindurch auf den österreichischen Märkten erhältlich.

Nach der verschiedenen Reife- und Erntezeit der Zitronen, die sich über einen großen Teil des Jahres erstreckt, sind im Handel verschiedene Bezeichnungen üblich. Auf unseren Märkten erscheinen ab Mitte Oktober bis etwa Mai die Primafiori (d. h. Erstblütler); ihnen folgen die wenig haltbaren Wasserlimonen (Sommerzitronen) von Mai bis etwa Juli, die Ricciopi von Juni bis August, die Biancuzzi oder weißen Zitronen (frühreifen Verdelli) im Juli, schließlich der erste und der zweite Schnitt der eigentlichen Verdelli im August bzw. von September bis Oktober. Die Spezialsorten von Sorrento, aus Puglia und vom Gardasee kommen nur im September, und zwar in geringer Menge in den Handel.

Zitronen werden stets vor der vollen Reife vom Baum abgenommen. Erfolgt die Ernte in noch grünem Zustande (was besonders bei den ersten Primafiori üblich ist), so kann eine Nachreifung am Verbrauchsorte nötig werden; sie erfolgt entweder durch künstliche Erwärmung oder nur durch sachgemäße Lagerung. Bei der Nachreifung erhalten die Zitronen die handelsübliche gelbe Farbe.

Zitronen, welche beim Transport oder bei der Lagerung gefroren waren, haben nach dem Auftauen ein käsiges Aussehen und einen bitteren Geschmack; sie sind ungenießbar.

Anmerkung. Die Früchte der Zitronat-Zitrone oder Zedrat-Zitrone (Citrus medica var. bajoura Bonavia), die von manchen als Varietät der Zitrone, von anderen als ganz selbständige Art aufgefaßt wird, bilden das Ausgangsmaterial zur Herstellung von „Zitronat" (in zerkleinertem

Zustande auch „Sukkade" genannt). Die Zitronat-Zitronen sind ungleich größer als gewöhnliche Zitronen; der weiße innere Teil ihrer Fruchtschale ist außerordentlich dick; das Fruchtfleisch hingegen ist nur ganz schmal, bedeutend weniger dick als die Fruchtwand. Sogleich nach der Ernte werden die Früchte zerschnitten, der innerste Teil des Fruchtfleisches mit den Kernen entfernt, der gelbe äußerste Teil der Fruchtwand abgeschält. So vorbereitet, werden die Fruchtstücke zur Konservierung in Salzwasser eingelegt. Am Orte der weiteren Verarbeitung wird das Salz mit reinem Wasser längere Zeit ausgelaugt, sodann werden die Fruchtstücke in Zuckerlösung gekocht; in dieser Weise kandiert, bilden sie das „Zitronat". Lichtes (durchscheinend grünlichgelbes) Zitronat ist höherwertig als dunkleres. Zitronat wird hauptsächlich in der Konditorwarenerzeugung verwendet.

Die Ethrog-Zitrone, auch Juden-Zedrate, Eßrich oder „Zeder", ist die Frucht von Citrus medica L. var. ethrog Warburg. Sie ist von ähnlicher Größe wie eine gewöhnliche Zitrone, hat aber keine zitzenförmige Verlängerung, dafür aber einen wohlentwickelten, ziemlich dicken Griffel (Früchte, an denen dieser Griffel fehlt, sind für rituelle Zwecke wertlos); ihre Schale ist glatt, lichtgelb (heller als bei gewöhnlichen Zitronen), außerordentlich dick; dementsprechend ist das Fruchtfleisch nur klein. Die Ethrog-Zitrone dient rituellen Gebräuchen der Juden. Auf schöne Gestalt, Farbe, Unverletztheit und Fleckenreinheit wird dabei großes Gewicht gelegt. Einzelne besonders schöne Stücke erreichen einen hohen Liebhaberwert. Die Ethrog-Zitronen werden aus Palästina, Syrien (Libanon) und Griechenland eingeführt; sie werden in Werg oder Rohwatte verpackt, nicht in Papier gewickelt. Die für religiöse Zwecke nicht verwendeten Ethrog-Zitronen werden nach Art der Zedrat-Zitronen in Zucker gekocht und dadurch zu einer Art Zitronat verarbeitet.

G. Andere saftige Südfrüchte

Als „saftige Südfrüchte" bezeichnet man solche aus südlichen oder überhaupt aus wärmeren Ländern eingeführte Früchte, deren genießbarer Anteil saftig bzw. fleischig ist, gleichgültig, wie im übrigen der Bau der Frucht ist. — Die als „Agrumen" bezeichneten Früchte von Citrus-Arten sind hier von den übrigen saftigen Südfrüchten abgetrennt und im vorausgehenden Abschnitt (S. 45 bis 52) behandelt.

42. Feige

Feigen sind die sowohl im frischen als auch im getrockneten Zustande verwendeten Früchte des in Vorderasien heimischen, in den Mittelmeerländern in zahlreichen Sorten kultivierten, echten Feigenbaumes, Ficus carica L. (Fam. Moraceae-Artocarpoideae).

a) *Frische Feigen*

Die Feige ist eine „Scheinfrucht", die hauptsächlich aus einer fleischigen, innen hohlen Blütenstandsachse (bzw. Fruchtstandsachse) besteht, in deren Innern die zahlreichen eigentlichen Früchtchen („Kerne") sitzen. Feigen sind birnförmig, etwa 4 bis 7 cm lang, in den kurzen Stiel allmählich verschmälert, am breiten Ende mit einer engen Öffnung versehen, außen glatt. Die im Innern der Höhlung stehenden zahlreichen Steinfrüchtchen sind etwa 2 mm lang und von gelblicher Farbe; sie können bei manchen Sorten auch fehlen. Im frischen reifen Zustande sind die Feigen grünlichgelb, bräunlich, rotbraun, violett bis blauschwarz, im Innern weiß, grünlich, gelblich, rötlich bis purpurn, mit saftigem Fleisch. Frische Feigen haben einen sehr süßen Geschmack. Sie enthalten 80 bis 84% Wasser, 8 bis 16% Gesamtzucker, 1 bis 2% Stickstoffsubstanz, etwa 1% Pektinstoffe, 0,1% freie Säure (als Äpfelsäure berechnet), 1 bis 2% Rohfaser, 1% Asche. Frische Feigen werden hauptsächlich roh verzehrt. Zum Teil werden sie auch zu Kompott und zur Likörbereitung verwendet. Nicht ausgereifte Feigen werden in Salzwasser eingelegt, behufs späterer Verwendung in der Konditorei.

Produktions- und Handelsverhältnisse. Die in den wärmsten Teilen von Österreich in ganz geringer Menge gedeihenden Feigen spielen im Handel keine Rolle. Die Einfuhr der frischen Feigen erfolgt aus Frankreich und Italien (hauptsächlich Görz, Cormons, Triest, Florenz). Sie kommen von Ende Juli bis November auf den Markt. Die Verpackung erfolgt in Plateaux, Kistchen und Körbchen, und zwar meistens bis zu ungefähr 5 kg brutto.

b) Getrocknete Feigen

Die getrockneten Feigen sind an ihrer Oberfläche grob-runzelig und besitzen, in naturbelassenem Zustande, einen Überzug von ausgeschiedenen Zuckerkristallen. Ihre Größe schwankt zwischen etwa 2 cm und 6 cm im Durchmesser. Ihre Gestalt wechselt je nach der Behandlung, die sie erfahren haben, namentlich aber auch nach der Verpackungsweise. Im allgemeinen sind sie lichtgelblich, graugelblich, blaßrötlich, seltener schwärzlich. Trockenfeigen enthalten etwa 20 bis 30% Wasser, etwa 50 bis 70% Gesamtzucker (überwiegend Traubenzucker), etwa 0,8% Säure, 3% Pektinstoffe, 3% Stickstoffsubstanz, 8% Rohfaser, 2,3% Asche. Die getrockneten Feigen werden teils roh gegessen, teils dienen sie zur Bereitung verschiedener Speisen (Kompott, Früchtenbrot usw.), von Feigenkaffee, Feigenwein, Feigensirup und Feigenessig.

Produktions- und Handelsverhältnisse. Getrocknete Feigen sind das ganze Jahr hindurch im Handel; die der neuen Ernte erscheinen gegen Ende August. Man handelt die getrockneten Feigen teils als Naturalware (ohne nachträgliche Bearbeitung), teils als bearbeitete („manipulierte") Ware; bei letzterer unterscheidet man die einfach etuvierten, die doppelt etuvierten und die in Melasse, Sirup, Zuckerlösung, Wein, selten in Essig eingelegten Feigen. Unter Etuvierung (Etuvage) versteht man das künstliche Aufweichen durch Dampf oder durch Einlegen in eine geeignete Flüssigkeit („Sure"), um die Feigen für das Einschlichten in die Verpackungsbehältnisse entsprechend formen zu können. Das Trocknen der Feigen wird nur in den Herkunftsländern vorgenommen. Die Etuvierung erfolgt teils dort, teils auch im Inlande; sie ist nur bei Ware letzter Ernte zulässig.

Zur Erzielung einer gleichmäßigen Farbe werden die Feigen mitunter mit Mehl oder mit Kleie bestäubt; jedoch darf ein solches Schönen nicht dazu angewendet werden, um Verdorbenheit oder Minderwertigkeit der Ware zu verdecken.

An oder in getrockneten Feigen findet man mitunter — nicht jedes Jahr gleich häufig — Milben oder Insekten (bzw. deren Larven), deren Eier oft bereits in den Produktionsgebieten in die Ware gelangt sind. Wenn der Befall wesentlich ist und daher ekelerregend wirkt, muß die Ware aus dem Verkehr gezogen werden. Von Milben befallene Feigen riechen und schmecken zumeist säuerlich (gärig). Gegen unsachgemäße Lagerung sind die Feigen ungemein empfindlich; sie können schimmelig, sauer oder gärig werden, fremde Gerüche annehmen usw. Solche Mängel können die Ware für den Rohgenuß untauglich machen. Alte Feigen (früherer Ernte), welche zum Zwecke der Auffrischung etuviert wurden, dürfen nur als „aufgefrischte" Feigen verkauft werden. Der Verkauf eingeweichter alter Ware ist ohne ausdrückliche Kennzeichnung dieses Umstandes unzulässig. Bei einer allfälligen Schwefelung getrockneter Feigen finden die für getrocknete Weinbeeren geltenden Bestimmungen sinngemäße Anwendung (s. S. 75).

Man versendet die naturbelassenen Trockenfeigen entweder lose oder zu Kränzen gebunden, in Säcken, Kisten, Körben, selten in Fässern verpackt, und zwar möglichst fest gepreßt, die etuvierten Trockenfeigen in Holzschachteln, Kartons, Strohgeflechten oder Zellophanpapier, die in eine Flüssigkeit eingelegten Feigen in Tonkrügen, Blechkübeln, Blechdosen oder Gläsern. Die Kranzfeigen werden auf Zyperus-Halme, Schilfschnüre oder andere Schnüre aufgereiht. Feigenkränze werden im Gewichte von 20 dkg bis 1 kg gehandelt; am gangbarsten sind jene zu 20 dkg, 25 dkg und 50 dkg. Sie werden meist in Säcken zu 25 kg und zu 50 kg brutto versendet.

Die Einfuhr getrockneter Feigen erfolgt aus Vorderasien (insbesondere Kleinasien), Griechenland, Italien (besonders Sizilien, Unteritalien und Istrien), Spanien, den jugoslawischen Küstengebieten, ferner aus Südfrankreich, Portugal, aus Marokko und anderen nordafrikanischen Küstengebieten. Nach diesen Herkunftsländern unterscheidet man im Handel insbesondere folgende Provenienzen:

1. Smyrna-Feigen (so werden alle aus Kleinasien eingeführten getrockneten Feigen bezeichnet). Sie sind wegen ihrer Güte weltbekannt. Die kleinasiatischen Produktionsgebiete waren die ersten, die das Etuvieren der Feigen anwendeten (Locoum-Feigen u. a.); sie haben sich in letzter Zeit auch der Herstellung von Kranzfeigen zugewendet. Smyrna-Feigen verpackt man in Schachteln oder Kistchen von $^{1}/_{4}$ kg bis ungefähr 6 kg brutto, auch in Kisten und Säcken von etwa 10 bis 15 kg brutto.

2. **Griechische Feigen.** Sie kommen hauptsächlich aus Kalamata, in geringerer Menge aus Marathonisi und Patras. Griechenland exportiert fast ausschließlich Kranzfeigen; jene von Marathonisi werden (als einzige Kranzfeigen) zum Teil auch in Kisten (zu 25 kg brutto) verpackt.

3. **Italienische Feigen.** In Geschmack und Qualität sind sie meist sehr gut. Mit Ausnahme der Görzer Feigen sind sie im allgemeinen kleiner als die unter 1. und 2. genannten Sorten. Die für den Rohgenuß bestimmten Sorten werden in verschiedener Weise, jedoch meist mit Lorbeerblättern verpackt, welche gegen Insektenfraß schützen und zugleich aromatisierend wirken. Italien liefert wenig Kranzfeigen, hingegen viel Feigen für Erzeugung von Feigenkaffee. Die Görzer Feigen werden zum Teil in Wein eingelegt und verbleiben darin, bis sie für den Export in Kistchen zu 5 bis 10 kg brutto verpackt werden; ihre Farbe ist „weiß" bis rötlichweiß; sie kommen nur von etwa Ende Oktober bis Ende Dezember in den Handel.

4. **Französische Feigen.** Sie kommen namentlich aus der Provence. Ihre Qualität ist zumeist vorzüglich. Die Verpackung erfolgt vorherrschend in Kistchen. Frankreich liefert auch als Kompott eingelegte Feigen.

5. **Spanische Feigen.** Spanien liefert sowohl Kranzfeigen als auch lose Feigen in verschiedener Verpackung, letztere größtenteils für Herstellung von Feigenkaffee. Eine spanische Spezialität für den Rohgenuß sind großfrüchtige Feigen, in deren Innerem Nußkerne, Mandeln oder Malagabeeren eingebettet sind; sie kommen in kleinen Behältnissen (Luxuskörbchen) in den Handel. Cadiz ist auch zugleich Hauptumschlagplatz für Feigen aus Algier und Marokko, die für Röstzwecke in Säcken von 50 bis 150 kg verpackt werden.

6. **Adriatische (dalmatinische) und portugiesische Feigen** haben für den österreichischen Handel nur untergeordnete Bedeutung.

Anmerkung. Als „Strohfeigen" oder „taube Feigen" bezeichnet man in der Entwicklung und Ausbildung zurückgebliebene weibliche Blütenstände, bei denen es zu keiner Umwandlung des inneren Gewebes in eine zuckerreiche, saftig-breiige Masse kommt. Ausgewachsen sind die Strohfeigen den unreifen Feigen ähnlich, verschieden groß, die kleinsten 1,5 cm lang, 1 bis 1,5 cm breit, meistens keulenförmig, die großen birnförmig oder kugelig, 4,5 bis 5 cm lang, 2,5 cm breit, grob-runzelig, orange- bis gelbbraun, oft ausgebleicht, strohgelb, trocken, die kleinsten oft schmutzigbraun und klebrig-schmierig, von anhängenden Zuckermassen aus guten Feigen. Die Haut der Strohfeigen ist im Durchschnitt weißlich, saftlos und gänzlich trocken. Die Strohfeigen sind zum menschlichen Genusse nicht geeignet und dürfen daher auch den getrockneten Feigen nicht beigemengt werden.

43. Dattel

Datteln sind die Früchte der Dattelpalme, Phoenix dactylifera L. (Fam. Palmae-Coryphoideae). Diese ist in Nordafrika und Südwestasien heimisch und wird in großem Ausmaße und zahlreichen Sorten in diesen Ländern, in neuerer Zeit teilweise auch im südlichen Nordamerika kultiviert. In unseren Handel kommen Datteln nur ausnahmsweise in frischem, meist in übertrocknetem, dabei aber noch saftigem Zustande.

Die Datteln sind fast walzenrund, infolge der Packung oft etwas kantig, etwa 2,5 bis 6 cm lang und 1 bis 1,5 cm dick; am Grunde sind sie mitunter noch mit Resten der Blütenhülle oder auch des Fruchtstieles behaftet; sie enthalten unter einer dünnen, brüchigen, glänzendgelben oder rotbraunen Fruchthaut ein gelbbräunliches, sehr zuckerreiches, klebriges Fruchtfleisch und ein sehr dünnes, weißes, seidenglänzendes Innenhäutchen, das gleich einem Sack den Samen (Kern) umschließt. Dieser ist etwa 2 bis 4 cm lang, walzenförmig, nach beiden Enden zugespitzt, graubraun, an der Bauchseite von einer tiefen Längsrinne durchzogen, in der Mitte der Rückenseite mit einem kleinen rundlichen Nabelfleck versehen; er besteht der Hauptsache nach aus dem sehr dichten, beinharten, graubläulichen Nährgewebe. Datteln (ohne den Kern) enthalten etwa 30% Wasser, 63% Gesamtzucker, der in den Zellen oft in Kristallen ausgeschieden wird, 3% Rohfaser, 1,6% Asche. Datteln werden roh gegessen und auch bei Zucker- und Konditorwaren mannigfach zubereitet und verarbeitet.

Produktions- und Handelsverhältnisse. Die wichtigsten Handelssorten der Datteln sind die Berber-Datteln (Königsdatteln, aus Algerien und Marokko), die Halloway-Datteln (Bassorah-Datteln, Kalifat-Datteln, Stockdatteln oder Blockdatteln, aus Mesopotamien und Persien) und die Alexandrinerdatteln (aus Ägypten). Andere Herkünfte sind für Österreich derzeit ohne Bedeutung. Die Einfuhr erfolgt hauptsächlich in den Monaten Oktober bis März. Im Sommer werden wegen ihrer größeren Haltbarkeit zumeist nur Halloway-Datteln gehandelt.

Die Berber-Datteln, deren hochwertigere Sorten die Königsdatteln sind, kommen hauptsächlich über Marseille in Versand und zwar in Kistchen von 3, 5, 6 und 10 kg brutto und in Luxuskartons von 25, 40 und 80 dkg brutto. Die aus Afrika in Marseille einlangenden Datteln werden daselbst sortiert, in eine „Pulpe" („Sure") von Zucker oder Sirup eingelegt und erst vor dem Weitertransport aus derselben herausgenommen und verpackt. Berberdatteln sind in der Regel lichter als die übrigen genannten Sorten.

Halloway-Datteln werden von Bassorah (Basra, Irak) aus verschifft. Sie werden ohne Konservierung größtenteils maschinell in Kisten eingepreßt und zwar von zirka 17 und 34 kg brutto. Halloway-Datteln sind lichtbraun bis dunkelbraun.

Alexandrinerdatteln kommen aus Alexandrien in Kisten von etwa 25 kg netto und in Fässern von 80 kg brutto, aber meist nur in geringen Mengen in den österreichischen Handel. Sie sind dunkelrotbraun, an der Oberfläche runzelig.

44. Banane

Bananen sind die Früchte der kultivierten Spielarten der Bananenstaude oder des Pisang, Musa sapientum L. (Musa paradisiaca subsp. sapientum [L.] O. Ktze.; Fam. Musaceae-Musoideae), einer im tropischen Asien heimischen, in allen Tropenländern, besonders in Westindien, sehr viel kultivierten Pflanze.

Die Bananen sind verschieden lang und dick (die in unserem Handel vorkommenden meist nur 15 bis 30 cm lang, etwa 2,5 bis 4,5 cm dick), flachbogig gekrümmt, meist stumpf vier- bis fünfkantig, mit einer schwach gewölbten Außenseite und ebenen Seitenflächen, am Scheitel abgeflacht und häufig von den vertrockneten Resten der Blütenhülle gekrönt, kahl, matt, samtartig anzufühlen, im unreifen Zustande grün, ziemlich fest, innen größtenteils mit einem in der Peripherie grünlichen, weiterhin orangegelben, dann rötlich- oder gelblichweißen, wenig saftigen, überaus stärkereichen, nur sehr undeutlich dreifächerigen, samenlosen Marke ausgefüllt, das an der Peripherie von einem Kranze nach innen zu locker stehender größerer, nach außen dicht gedrängter, sehr feiner Gefäßbündelstränge umsäumt ist. Im reifen Zustande sind die bei uns in Verkehr gelangenden Bananen hellgelb bis goldgelb, seltener rötlichgelb, haben ein charakteristisches Aroma, zeichnen sich durch große Süßigkeit und ein fast schmelzendes Fruchtfleisch aus. Bananen enthalten ungefähr 70% Wasser, bis 20% Zucker (davon etwa die Hälfte Rohrzucker), bis zu 20% sonstige stickstofffreie Extraktstoffe (besonders Stärke), bei 1,5% Stickstoffsubstanz, 0,2% Säure (als Äpfelsäure berechnet) und etwa 1% Asche. Die reifen Früchte werden fast nur roh gegessen, die unreifen sind nur gekocht oder geröstet genußfähig. Bananen werden auch im geschälten Zustande getrocknet („Trockenbananen" oder „Feigenbananen"). Diese erinnern in Konsistenz und Farbe an Trockenfeigen. Aus Bananen wird auch Bananenmehl hergestellt, das zu Mehlspeisen, z. B. Puddings, verwendet wird.

Produktions- und Handelsverhältnisse. Bananen werden während des ganzen Jahres eingeführt, und zwar über Bremerhaven, Genua, Triest und Rotterdam. Ursprungsländer sind überwiegend Westindien und die Kanarischen Inseln, teilweise auch Brasilien und Afrika (Kamerun, italienische Kolonien). Die Versendung der Bananen erfolgt nur im unreifen Zustande in Form ganzer Fruchtstände. Der Reifungsprozeß vollzieht sich in der warmen Jahreszeit größtenteils schon auf dem Transporte von selbst (er wird nötigenfalls durch Kühlung auf zirka 13 bis 14⁰ C zurückgehalten); in der kalten Jahreszeit wird er am Verbrauchsorte durch Heizanlagen beschleunigt. Bananen sind gegen Kälte und Hitze sehr empfindlich. Temperaturen unter $+12^0$ C und über $+27^0$ C vertragen sie nicht. Ihre Schale wird leicht schwarz, ohne daß auch das Fruchtfleisch verdorben sein muß.

Die Trockenbananen kommen in Kisten zu 12,5 kg brutto in den Handel.

45. Ananas

Ananas ist die frische, reife Scheinfrucht (Fruchtstand) von Ananas sativus Schult. (Fam. Bromeliaceae), einer im tropischen Amerika einheimischen, in allen Tropenländern viel kultivierten, bei uns mitunter in Warmhäusern gezogenen Pflanze.

Die Ananas stellt einen zirka $^1/_4$ kg bis 4 kg schweren Fruchtstand dar, der entfernt an einen Pinienzapfen erinnert, aus den verwachsenen Beerenfrüchten, Deckblättern und der fleischigen (hindurchwachsenden) Achse besteht, von einem Blätterschopfe gekrönt wird, außen großwarzig, goldgelb, innen weiß oder gelblich, saftig, aber ziemlich fest ist. An den Beerenfrüchten sind die Verwachsungsstellen der Deckblätter als Falten kenntlich; am Scheitel finden sich vertrocknete Reste der Blattspitzen und Griffel und in der Regel noch außerdem eine wohlerhaltene grüne, lang zugespitzte, fein gesägte Blattspitze. Die Samen sind in der Regel nicht entwickelt. Farbe, Größe und Gestalt sind je nach den Sorten verschieden. Die kleinen, eirundlichen, hellfleischigen Sorten werden als Königin- oder Reinette-Ananas, die kegelförmigen, gelbfleischigen Sorten als Zuckerhut-Ananas (Cayenne-Ananas) und die großen, pyramidenförmigen Sorten als Königs-Ananas bezeichnet. Der Geruch ist hervorragend aromatisch, der Geschmack säuerlich-süß, angenehm kühlend. Die Ananas enthalten etwa 82% Wasser, 11% Gesamtzucker (davon reichlich Rohrzucker), etwa 0,6% Säure (als Äpfelsäure berechnet). Die Ananas wird teils im frischen Zustande genossen, teils zur Herstellung von Bowlen, Kompotten, Konserven und Kanditen verwendet.

Produktions- und Handelsverhältnisse. In den Handel kommen fast ausschließlich in den Tropen kultivierte Früchte. Die Versendung erfolgt im halbreifen Zustande; die Reifung vollzieht sich zum Teil während des Transportes, zum Teil erst am Verbrauchsorte. Ganz vereinzelt werden auch in inländischen Glashäusern Ananasfrüchte gezogen und geerntet. Frische Früchte kommen während des ganzen Jahres auf den Markt, hauptsächlich aus Westindien und von den Azoren, zum Teil auch aus Brasilien. Die Verpackung erfolgt in gleichgroßen Kisten mit einem Inhalt von 8 bis 24 Stück oder (kleine Früchte) in Kartons zu je 6 Stück. Am gangbarsten sind Früchte von 80 dkg bis 1,5 kg. Eingelegte Ananas (Ringananas in Dosen) werden aus Ceylon und Bombay eingeführt.

Anmerkung. **Abacaxi** (sprich Abakaschí) oder **Brasilianische Ananas** ist die der gewöhnlichen Ananas sehr nahe verwandte Frucht von Ananas pyramidalis Mill. (Ananas sativus Schult. var. pyramidalis [Mill.] Bert.). Diese Pflanze soll ursprünglich aus einer natürlichen Kreuzung entstanden und später durch Kultur verbessert worden sein. Die Frucht ist kleiner als die der gewöhnlichen Ananas und hat eine wesentlich schmälere, mehr längliche Form. Die Farbe der „Schuppen" ist graugrünlich (nicht rötlichgelb). Das Fruchtfleisch ist weiß. Der Blattschopf an der Spitze der Frucht ist größer und bei der Handelsware manchmal quer abgeschnitten. Am Grunde der Frucht bilden die Blätter eine Art Hüllkelch. — Abacaxi wurde bisher nur selten und in geringer Menge aus Brasilien nach Europa eingeführt.

46. Johannisbrot

Johannisbrot, „Bockshörndln" oder Karoben (italienisch Carobbe) sind die getrockneten, reifen Früchte des im Mittelmeergebiete kultivierten und daselbst auch verwildert vorkommenden Johannisbrotbaumes, Ceratonia Siliqua L. (Fam. Papilionaceae-Caesalpinioideae).

Die Johannisbrotfrucht ist eine nicht aufspringende, quergefächerte Hülse, von flachgedrückter, breitlinealer Form, 10 bis 15 cm lang, 2 bis 2,5 cm breit, meist gerade oder schwach gekrümmt, mit wulstig verdickten Rändern; die Schmalseiten sind von einer breiten Furche durchzogen; die Breitseiten sind eingesunken. Die äußere Fruchthaut ist lederartig, glänzenddunkelbraun. Sie umgibt ein je nach Alter saftiges bis zähes Fruchtfleisch, das in den wulstig verdickten Rändern von reihenweise übereinander gelagerten Hohlräumen unterbrochen ist und in welchem die Querfächer eingesenkt sind. Diese sind von einer pergamentartigen inneren Fruchthaut gebildet, senkrecht zu den Breitseiten der Frucht zusammengedrückt, ellipsoidisch, nehmen fast die ganze Breite der Frucht ein und enthalten je einen flach-eiförmigen, glänzendbraunen, harten Samen. Der Geruch des Johannisbrotes ist eigenartig süßlich-angenehm; der Geschmack ist süß. Johannisbrot enthält 10 bis 15% Wasser, gegen 40 bis 50% Gesamtzucker (davon 20 bis 80% Rohrzucker), 5 bis 7% Stickstoffsubstanz, 20 bis 30% Stärke, 8 bis 12% Rohfaser, 2 bis 2,4% Asche, ferner Pektinstoffe, Fett, Gummi. Johannisbrot wird roh gegessen und zur Bereitung verschiedener Mehlspeisen verwendet. Alte, minderwertige Ware kann nur noch als Futtermittel dienen.

Produktions- und Handelsverhältnisse. Johannisbrot wird im Herbste auf den Markt gebracht und zwar aus Italien (besonders Apulien und Sizilien) und aus Dalmatien. Die Versendung erfolgt in Säcken zu 50 kg bis 100 kg.

47. Kakifrucht

Kakifrüchte, Kakifeigen, Kakiäpfel, japanische Dattelpflaumen, Persimonen oder Raguemine sind die frischen Früchte von Diospyros Kaki L. fil. (Fam. Ebenaceae), einem in Japan, Korea und China einheimischen, daselbst, in Kalifornien und in den europäischen Mittelmeerländern kultivierten Baume.

Kakifrüchte sind kugelig bis eirundlich, mit einem Durchmesser von 4 bis 10 cm, sehen ungerippten Tomaten ähnlich und sind im reifen Zustande schön tomatenrot (im unreifen Zustande gelb bis orangegelb). Ihre Fruchthaut ist dünn, glatt und glänzend. Das

Fruchtfleisch ist saftig und umschließt 4 bis 16 Fruchtfächer mit je einem ansehnlichen, mit Nährgewebe versehenen Samen. Mitunter sind die Früchte kernlos und ohne deutlich entwickelte Fächer. Kakifrüchte enthalten etwa 65% Wasser, 15% Gesamtzucker, gegen 1% Stickstoffsubstanz, 1 bis 2% Rohfaser, 1% Asche. Die Kakifrüchte sind (nur in reifem Zustande) wohlschmeckend und werden nur roh gegessen. Der Fruchtsaft enthält einen eigentümlichen Gerbstoff und dient in Japan zum Dauerhaftmachen von Fischnetzen, Papier u. dgl.

Produktions- und Handelsverhältnisse. Kakifrüchte kommen nur in geringer Menge aus Neapel, Genua und Südfrankreich von Mitte Juni bis Jänner in Kistchen und Körbchen auf unsere Märkte.

48. Dattelpflaume

Dattelpflaumen oder Lotospflaumen sind die frischen Früchte von Diospyros Lotus L. (Fam. Ebenaceae), einem in China einheimischen, in den Mittelmeerländern kultivierten Baume.

Dattelpflaumen sind kugelige Beeren von der Größe einer Kirsche, mit anfänglich bläulichschwarzer, zuletzt gelbbrauner Oberfläche, mehrfächerig, mit saftigem, sehr süßem Fleische. Sie enthalten etwa 11 bis 16% Zucker und 0,5% freie Säure. Dattelpflaumen dienen zum Rohgenuß und werden auch zur Sirup- und Branntweinerzeugung verwendet. Die Dattelpflaumen kommen selten auf den Markt.

49. Erdbeerbaumfrucht

Die Erdbeerbaumfrüchte, auch Arbutus-Beeren genannt, sind die Früchte des Erdbeerbaumes, Arbutus Unedo L. (Fam. Ericaceae-Arbutoideae), der im Mittelmeergebiet heimisch ist.

Die Erdbeerbaumfrüchte sind kugelige Beeren von etwa Kirschengröße und scharlach- bis purpurroter Farbe, die dicht mit ebenso roten, weichen, etwa 1 mm langen, dreiseitigen, spitzen Warzen besetzt sind und sich von dem kurzen, stets mit den gekrümmten Ästchen verbundenen Stielchen leicht ablösen lassen. Das Stielchen trägt an seinem Ende den sehr kleinen, vertrockneten, fünfblättrigen Kelch. Die Beeren besitzen ein sehr weiches, saftig-breiiges, fast dottergelbes Fruchtfleisch, in dem sich noch fünf im Kreise stehende, ebenfalls mit sehr saftigem Brei und mit den zahlreichen sehr kleinen, steinharten Samen erfüllte Fruchtfächer unterscheiden lassen. Die Erdbeerbaumfrüchte schmecken schwach süßlich-fade. Sie enthalten gegen 70% Wasser, 15 bis 17% Gesamtzucker, 0,7% organische Säuren, 1% Stickstoffsubstanz, 0,5% Asche. Erdbeerbaumfrüchte werden in den Mittelmeerländern schon seit den ältesten Zeiten als frisches Obst genossen. Außerdem werden sie in Südeuropa auch zur Gewinnung von Obstwein und Branntwein verwendet.

Produktions- und Handelsverhältnisse. Der Erdbeerbaum ist in den Mittelmeerländern heimisch und wird daselbst auch kultiviert;

daher kommen dort die Früchte sowohl der wilden, als auch der kultivierten Bäume auf den Markt. Für den Handel sind sie wegen des mäßig angenehmen Geschmackes und der geringen Haltbarkeit ohne Bedeutung.

50. Indische Feige

Indische Feigen, Fighi d'India, Kaktusfeigen oder Opuntiafeigen sind die Früchte von Opuntia Ficus indica Mill. (Fam. Cactaceae-Opuntioideae), einer aus Süd- und Mittelamerika stammenden, in allen wärmeren Ländern kultivierten und besonders auch in den Mittelmeerländern allgemein verwilderten und eingebürgerten Cactacee.

Die Kaktusfeige ist eine einfächerige „Beere" von länglich-eiförmiger oder fast feigenähnlicher Gestalt, der ungefähren Größe eines Gänseeies, mit weißer, roter, gold- oder blaßgelber Oberfläche, die an der Sonnenseite oft mit rotem Anfluge versehen ist. Am Scheitel ist die Ansatzstelle der Blütenhülle als kreisrunde, streifige Narbe zu erkennen. Die Oberfläche trägt in ziemlich regelmäßiger Verteilung zahlreiche Warzen mit Büscheln feiner Widerhakenstacheln („Glochiden"). Das einen gelben oder roten Saft enthaltende Fruchtfleisch umschließt zahlreiche kleine, an kurzen Samenträgern hängende Samen. Kaktusfeigen schmecken angenehm süß und erfrischend. Sie enthalten etwa 70 bis 90% Wasser, 2% Gesamtzucker, 0,3% freie Säuren. Kaktusfeigen dienen fast nur zum Rohgenuß. Wegen der Widerhakenstacheln, welche beim Eindringen in Mund und Finger Entzündungen hervorrufen können, müssen die Früchte vor dem Genuß sorgfältig von der Haut befreit werden; es geschieht dies am besten dadurch, daß man die Enden der Frucht wegschneidet, den Mittelteil der Länge nach aufschlitzt und die Haut nach beiden Seiten abzieht. Es empfiehlt sich, den Käufer auf diesen Umstand aufmerksam zu machen. Übermäßiger Genuß erzeugt bei empfindlichen Personen Durchfälle; der Harn wird rot.

Produktions- und Handelsverhältnisse. Auf unseren Märkten kommen die indischen Feigen nur im Winter vor. Die Verpackung erfolgt in Kistchen und in Körben.

Anmerkung. Auch die Früchte anderer Opuntia-Arten wie z. B. von Opuntia vulgaris Mill. und Opuntia Tuna Mill. werden im allgemeinen als „Kaktusfeigen" bezeichnet und als Obst verwendet.

51. Olive

Oliven sind die Steinfrüchte des in den Mittelmeerländern kultivierten Ölbaumes, Olea europaea L. (Fam. Oleaceae-Oleeae). In den Handel gelangen sie in unreifem Zustande.

Oliven sind eiförmig, länglich-eiförmig bis kugelig, am Scheitel zugespitzt oder stumpf, 2 bis 3,5 cm lang, 1,5 bis 2 cm breit, glatt, grünlichweiß, grün, rötlich, blau bis schwarzviolett, mit grünlichweißem oder dunkelgrünem bis violettem Fruchtfleisch und mit einem ansehnlichen Steinkern. Dieser ist schief-keulenförmig oder spindelig, zusammengedrückt, spitz, mit einer Längsnaht versehen, grob-runzelig, gelblich oder braun, heller geadert, beinhart, meist einfächerig und einsamig. Die Steinschale dieses Kernes umschließt den 9 bis 11 mm langen länglichen, zusammengedrückten Samen, der eine gelbe, geaderte Samenhaut und ein ölig-fleischiges, den fettreichen Keim in der Mitte führendes Nährgewebe besitzt. Oliven (ohne Kern) enthalten 50 bis 60% Wasser, 22% fettes Öl (lufttrocken 50 bis 70%), 1 bis 3% Stickstoffsubstanz, 1% Rohfaser, 1 bis 2% Asche. Naturbelassene Oliven schmecken in unreifem Zustande herb und bitter, in reifem Zustande außerdem auch stark ölig. In unseren Handel gelangen die Oliven im unreifen, aber bereits entbitterten Zustande und zwar in Salz und Gewürzen eingelegt („mariniert"), oder in Salzwasser gekocht, in Öl eingelegt, aber auch, nach Entfernung des Steinkernes, mit einer Kapper oder einem Stückchen Anchovis „gefüllt".

Produktions- und Handelsverhältnisse. Die überaus zahlreichen Sorten unterscheiden sich nach Gestalt, Größe und Farbe; die lichtfarbigen Oliven werden im Handel als „grüne", die dunkelfarbigen als „schwarze" Oliven bezeichnet.

Oliven werden aus Italien, Griechenland und Südfrankreich eingeführt. Sie kommen aus Italien und Griechenland in Fässern und großen Dosen, aus Frankreich in kleinen Dosen (Luxuspackungen). Die Oliven spielen auf unseren Märkten eine untergeordnete Rolle.

52. Granatapfel

Granatäpfel sind die Früchte des Granatstrauches, Punica Granatum L. (Fam. Punicaceae), der ursprünglich aus Westasien stammt, aber schon seit langem im ganzen östlichen Mittelmeergebiet eingebürgert ist und daselbst sowie in anderen wärmeren Ländern auch kultiviert wird.

Granatäpfel sind nahezu kugelig, von der Größe eines Apfels, am Grunde abgerundet, an der Spitze von einer kurz-röhrenförmigen Verlängerung des Blütenbodens gekrönt, die oben in die 6 (5 bis 8) erhärteten Kelchblätter ausgeht und innen zahlreiche vertrocknete Staubgefäße enthält. Die Schale der Frucht ist außen scharlachrot gefärbt, lederigzäh, ziemlich dick, ungenießbar. Das Innere der Frucht ist durch weißliche häutige Scheidewände in mehrere (meist 3 untere und 6 obere) Fächer geteilt, deren jedes zahlreiche Samen enthält. Von jedem Samen ist der äußere, glashelle Teil (die mächtig entwickelte Samenschale) weichfleischig, sehr saftreich und genießbar, der innere Teil (der eigentliche Same) ungenießbar. Granatäpfel enthalten etwa 80% Wasser, 11 bis 12% Zucker, rund 1% freie Säure (als Äpfelsäure berechnet). Von den Früchten wird nur das hellrote bis weiße, angenehm säuerlichsüße Fleisch der Samen roh genossen oder der ausgepreßte Saft zu Erfrischungsgetränken (Grenadine) verwendet.

Produktions- und Handelsverhältnisse. Die Granatäpfel werden im ganzen Mittelmeergebiet in mehreren Sorten, darunter auch „kernlosen" (d. h. mit unentwickelten Samen, aber trotzdem wohl entwickelter, fleischiger Samenschale) kultiviert. Granatäpfel werden aus Italien, Spanien und den Balkanländern in sehr geringen Mengen eingeführt.

53. Litschipflaume

Litschipflaume heißt die Frucht von Litchi chinensis Sonn. (Fam. Sapindaceae-Nephelieae), eines in Südostasien heimischen, dort und in Westindien kultivierten Baumes.

Die Frucht ist (durch Verkümmern des einen Teiles der zweisamigen Anlage) einsamig, eiförmig bis kugelrund, von Taubeneigröße, etwa 3 cm lang, bis 2 cm breit und besitzt eine trockene, dünne, krustenförmige, zerbrechliche, rotbraune Fruchtschale. Diese Fruchtschale besteht aus zahlreichen, meist sechseckigen Schildern, deren jedes in der Mitte eine kegelige oder pyramidenförmige, seitlich oft etwas zusammengedrückte Erhabenheit trägt. Der einzige, derbschalige, hellbraune, glänzende Same ist vollständig von dem freien, d. h. nicht mit der Samenschale verwachsenen, durchscheinend weißen, saftigen, geleeartigen Samenmantel umhüllt. Dieser allein ist genießbar; er besitzt einen sehr süßen und angenehmen Geschmack. Eingetrocknet wird er fast schwarz, behält aber den guten Geschmack.

Produktions- und Handelsverhältnisse. Litschipflaumen werden von Amerika eingeführt und kommen auf unseren Märkten nur sehr selten vor.

H. Nußartige Südfrüchte

Als „nußartige Südfrüchte" werden hier solche aus südlichen oder überhaupt wärmeren Ländern eingeführte Früchte oder Samen von Früchten verstanden, bei denen der ölreiche oder stärkereiche Same der genießbare Teil ist. Sie besitzen demgemäß den Charakter des Schalenobstes, stammen aber von sehr verschiedenartigen Pflanzen.

54. Mandel

Mandeln sind die reifen getrockneten Samen des in Südeuropa kultivierten Mandelbaumes, Prunus communis (L.) Arcang. (Amygdalus communis L., Prunus Amygdalus Stockes, Fam. Rosaceae-Prunoideae). Der Mandelbaum stammt aus Vorderasien, von wo er bereits im Altertum nach Südeuropa eingeführt wurde. Die wilde Stammform hat bittere Samen. Unter den kultivierten Mandeln gibt es süße und bittere.

a) Süße Mandeln

Süße Mandeln sind die reifen Samen der süßsamigen Varietäten des Mandelbaumes: var. sativa (L.) A. et G. (var. dulcis [DC.] C. Schneider) und var. fragilis (Borkh.) C. Schneider (Krachmandeln).

Mandeln sind spitz-eiförmig, etwas flachgedrückt (etwa 4 bis 8 mm dick), beiderseits gewölbt (wenn z w e i Samen in einer Steinschale: die eine Seite ungefähr eben, die andere Seite gewölbt), 1,5 bis 4 cm lang, seitlich unter der Spitze mit einem flachen Nabel versehen, von welchem, entlang dem einen Rande, ein wenig deutlicher Nabelstreifen bis zum ausgebreiteten, stumpfen Ende verläuft, an dem sich ein dunkler, fast kreisrunder Fleck befindet. Die Samenschale stellt eine dünne, matt zimtbraune, außen von einem schülferigen (feinschuppigen) Überzug bedeckte, rauhe Haut dar, die sich nach dem Aufweichen in Wasser leicht vom Samenkerne löst. Der Samenkern besteht im wesentlichen aus zwei großen, weißen, plankonvexen, ölig-fleischigen Keimblättern, die an ihrem etwas verschmälerten Grunde mit den übrigen Teilen des Keimlings (Würzelchen, Knöspchen usw.) in Verbindung stehen. Sein Geschmack ist angenehm, ölig-süß. Mit Wasser zerstoßen geben die süßen Mandeln eine weiße Emulsion ohne Bittermandelölgeruch. Lufttrockene Mandelkerne enthalten unter 10% Wasser, etwa 21% Stickstoffsubstanz, 3% Rohrzucker, 45 bis 67% fettes Öl, 3,5% Rohfaser, 2,7% Asche. Süße Mandeln dienen zum Rohgenuß und zur Bereitung von Backwerk, Mehlspeisen usw., ferner auch zur Herstellung von Mandelöl. Die Preßkuchen bilden die in der Kosmetik verwendete Mandelkleie. Neben den reifen Mandeln finden große Mengen noch unreifer, in grünen oder graugrünen Schalen befindlicher Früchte in der Zuckerbäckerei Verwendung. Für die Konservenindustrie kommen solche unreife Früchte ebenfalls in Betracht, und zwar eingelegt in Salzwasser.

P r o d u k t i o n s - und H a n d e l s v e r h ä l t n i s s e. In den wärmsten Teilen Österreichs (besonders nördliches Burgenland) gedeihen zwar Mandelbäume; die geringfügigen Mengen der an ihnen geernteten Mandeln kommen aber nur für den lokalen Handel in Betracht. Die Einfuhr erfolgt aus Italien (Bari, Molfetta), Sizilien (Avola), Spanien (Alicante), Südfrankreich, in geringerem Maße aus Jugoslawien, Bulgarien, Griechenland, Syrien, Palästina und Rußland. Die Mandeln der neuen Ernte beginnen gegen Ende August in den Handel zu kommen.

Die Mandeln werden hauptsächlich in Säcken (zu 50 bis 100 kg brutto), außerdem in Kisten (zu 12,5 und 25 kg netto) verpackt, die in Salzwasser eingelegten Mandeln in Fässern in den Handel gebracht.

Mandeln müssen trocken und frei von schimmeligen, ranzigen und verschrumpften Kernen sein. Um den Mandeln ein schöneres Aussehen, eine glatte, helle Oberfläche zu verleihen, wie sie der Handel bevorzugt, werden sie mitunter, und zwar schon an den Produktionsorten, maschinell gebürstet („gebürstete Mandeln"). Der Handel unterscheidet unsortierte und nach Größe sortierte (handgeklaubte) Ware. Handgeklaubte Mandeln dürfen weder Schalen noch Bruchstücke, noch Staub und höchstens bis zu 5% Zwillingskerne enthalten. Andernfalls sind sie als verfälscht bzw. als falsch bezeichnet anzusehen.

Unzulässig ist auch das Inverkehrsetzen von Mischungen süßer Mandeln mit bitteren Mandeln ohne ausdrückliche Bezeichnung[1]), ferner auch der Zusatz von Kernen anderer Steinobstarten, so von Pfirsichen, Aprikosen, Zwetschken und Pflaumen. Abgesehen von der bedeutend geringeren Größe hat keiner dieser Kerne die eigentliche Mandelgestalt; auch sind die Samenschalen viel dünner und der Geschmack weicht von dem der echten Mandeln stark ab.

b) *Krachmandeln*

Krachmandeln sind die noch in der Schale eingeschlossenen Samen von Prunus communis (L.) Arcang. var. fragilis (Borkh.) C. Schneider.

Krachmandeln sind etwa 3 bis 4,5 cm lang. Die Schale ist trocken schwammig-porös, mehr oder weniger dünn und leicht zerbrechlich. Die Samen (Mandelkerne) sind den gewöhnlichen süßen Mandeln im Aussehen und Geschmack gleich. Sie dienen nur zum Rohgenuß.

Produktions- und Handelsverhältnisse. Krachmandeln kommen aus Südfrankreich (z. B. Aix) und Spanien, zum Teil auch aus Italien in den Handel. Sie werden hauptsächlich in Kisten zu 25 kg und 50 kg netto, in Säcken zu 25 bis 50 kg brutto, zum Teil auch in Fässern von etwa 50 bis 100 kg netto verpackt. Krachmandeln mit sehr leicht zerbrechlicher Schale werden bevorzugt.

Die Krachmandeln werden zumeist einer Schönung unterzogen, und zwar durch Behandlung mit schwefliger Säure; hiedurch wird die Schale heller und weicher. Krachmandeln, in deren Kernen sich schweflige Säure oder andere Bleich- und Schönungsmittel in einer für die Gesundheit bedenklichen Menge nachweisen lassen, dürfen nicht in Verkehr gesetzt werden, und zwar ist die Ware, wenn die Krachmandeln mehr als 20 mg schwefliger Säure in 1 kg ihrer Kerne enthalten, als verfälscht, wenn sie mehr als 100 mg schwefliger Säure in 1 kg ihrer Kerne enthalten, als gesundheitsschädlich zu beurteilen (s. S. 74).

c) *Bittere Mandeln*

Bittere Mandeln sind die reifen Samen einer bittersamigen Varietät des Mandelbaumes, Prunus communis (L.) Arcang. var. amara DC.

Sie sind den süßen Mandeln im Aussehen und im Bau gleich, nur im allgemeinen etwas kleiner, und enthalten das kristallisierbare Glykosid „Amygdalin", das durch Einwirkung des ebenfalls in den Samen enthaltenen Enzyms „Emulsin" bei Gegenwart von Wasser in Bittermandelöl (Benzaldehyd), Traubenzucker und Blausäure zerfällt. Daher geben sie mit Wasser zerstoßen eine weiße, stark nach Bittermandelöl riechende Emulsion. Die Verwendung der bitteren Mandel ist nur eine beschränkte; man benützt sie in ganz geringen Mengen nach Art

---

[1]) Ein ganz geringfügiger Gehalt an bitteren Mandeln läßt sich oft nicht vermeiden und ist, wenn er 2% nicht übersteigt, nicht zu beanstanden.

eines Gewürzes, um gewissen Speisen Geruch und Geschmack des Bittermandelöles zu erteilen; bei ihrem Gebrauch ist wegen des Gehaltes an Blausäure Vorsicht am Platze. Außerdem werden die bitteren Mandeln pharmazeutisch verwendet.

Produktions- und Handelsverhältnisse. Die Einfuhr für den Lebensmittelmarkt ist eine sehr geringe; sie erfolgt aus den gleichen Ländern wie die der süßen Mandeln, hauptsächlich aus Italien.

55. Pistazie

Pistazien sind die Samen des aus Vorderasien (Syrien, Mesopotamien) stammenden, im Mittelmeergebiete kultivierten echten Pistazienbaumes, Pistacia vera L. (Fam. Anacardiaceae-Rhoideae). In den Handel kommen sie in trockenem Zustande, und zwar meist ausgelöst, seltener in der harten Fruchtschale eingeschlossen.

Die ausgelösten Pistazien sind ungefähr 7 bis 18 mm lang, etwa 3 bis 7 mm dick, länglich, gerundet drei- oder vierkantig, die obere Hälfte von der Seite, die untere vom Rücken her zusammengedrückt, daher auf der stark gewölbten Rückenfläche scharf gekielt, dunkelkarmin- bis braunrot, mit helleren Netzadern, fast glatt, an der Bauchfläche grünlich, runzelig, im ersteren Teile mit großem, eingedrücktem Nabel, von dem eine Furche zu dem am anderen Ende gelegenen Nabelfleck verläuft. Die dünne Samenhaut umschließt zwei schön grasgrüne bis gelblichgrüne, ölig-fleischige, plankonvexe Keimblätter mit dem an deren Spitze gelegenen gelblichen Würzelchen und dem kleinen Knöspchen. — Die nicht ausgelösten Pistazien („Pistazien in Schalen") sind schief-eiförmig, am unteren Ende etwas seitlich mit einem rundlichen rauhen Fleck versehen, am oberen Ende zugespitzt, an der einen Seite mit einer vorspringenden Kante, hellbräunlichgelb, matt, ziemlich glatt, etwa 1,5 bis 2,5 cm lang, 10 bis 14 mm breit, 8 bis 12 mm dick. Pistazien schmecken angenehm mandelartig, sie enthalten unter 10% Wasser, etwa 45% fettes Öl, 3,5% Zucker. Infolge des hohen Ölgehaltes können sie rasch ranzig werden. Bei langer Lagerung verlieren sie die schön grüne Farbe, werden außen rostgelb bis braun, innen graugelb; zugleich erhalten sie durch Einschrumpfen ein welkes Aussehen. Pistazien werden roh oder geröstet (und gesalzen) gegessen, weitaus mehr jedoch als Zutat (Aufputz) zu verschiedenen Backwaren verwendet, außerdem auch bei der Erzeugung einiger Arten von Fleischrouladen, Gansleberpasteten u. dgl. benützt.

Produktions- und Handelsverhältnisse. Pistazien werden zumeist aus Italien, außerdem aus Griechenland und Syrien eingeführt. Man verpackt die ausgelösten Pistazien in Kisten zu 25 kg oder 50 kg netto oder in Blechdosen zu 10 kg brutto; Pistazien in Schalen in Säcken zu 50 kg; die Einfuhr der letzteren ist eine geringere. Gekochte und dann mit Salz geröstete Pistazien werden als „Salzpistazien" in Verkehr gebracht. Ranzige Pistazien sind als verdorben anzusehen.

Anmerkung. Zur Familie Anacardiaceae gehört auch der im tropischen Amerika heimische, in allen Tropengebieten kultivierte Nierenbaum, Kaschubaum, Acajoubaum oder Cashewbaum, Anacardium occidentale L. Seine birnförmig angeschwollenen, saftreichen Fruchtstiele heißen Kaschuäpfel (Acajou-Äpfel) und bilden ein minderfeines Tropenobst, das nicht nach Europa eingeführt wird. Die eigentlichen Früchte sind etwas kleiner, nierenförmig und hartschalig; sie heißen Elefantenläuse oder Kaschunüsse (Acajou-Nüsse, Cashew-Nüsse) und enthalten je einen nierenförmigen Kern, der etwa einer verkrümmten kleinen Haselnuß ähnlich sieht. Die Kerne (Cashew-Kerne, Mangalore) sind sehr ölreich, haben einen milden, mandelähnlichen Geschmack und werden in den Tropen namentlich geröstet gegessen. Sie werden auch als Ersatz für Haselnußkerne verwendet und zu diesem Zwecke nach Europa eingeführt, und zwar vorwiegend aus Persien. Auf die Lebensmittelmärkte gelangen sie selten.

56. Piniole

Die Piniolen oder Pinienkerne, italienisch Pignoli, sind die von der steinschalenartigen, dicken Samenschale und der braunen, trockenhäutigen inneren Samenhaut befreiten Samenkerne der Pinie, Pinus Pinea L. (Klasse Coniferae, Fam. Abietaceae), eines im Mittelmeergebiet heimischen und daselbst auch viel kultivierten Nadelbaumes.

Die Pinienkerne sind 1,2 bis 1,5 cm lang, länglich-spindelig, meist etwas gekrümmt, mit abgerundeten Enden, in ganz frischem Zustand weiß, bald aber graugelblich werdend, fettglänzend, weich. Das ölig-fleischige, 1 bis 1,6 mm dicke Nährgewebe schließt den in der Mitte gelegenen Keim ein. Dieser ist keulenförmig, weiß, zirka 1 cm lang; er besteht aus einem mit dem Nährgewebe verwachsenen Würzelchen und zwölf fadenförmigen Keimblättern. Piniolen enthalten etwa 6 bis 10% Wasser, gegen 50% fettes Öl, 25% Stickstoffsubstanz, 3 bis 5% Zucker und 2—3% Asche. Ihr Geschmack ist mandelähnlich, sie werden leicht ranzig. Piniolen werden roh gegessen, aber mehr noch zu verschiedenen Backwaren verwendet.

Produktions- und Handelsverhältnisse. Piniolen werden hauptsächlich aus Italien und Syrien (Libanon), außerdem in kleinen Mengen aus Spanien und Südfrankreich eingeführt. Die Versendung nach Österreich erfolgt in Säcken zu 50 kg brutto. Piniolen sind sehr empfindlich gegen unsachgemäße Aufbewahrung (Luftmangel, Feuchtigkeit, Lagerung in der Nähe scharfriechender Waren usw.).

57. Erdnuß

Erdnüsse, Aschantinüsse („Aschanti"), Burennüsse, Arachisnüsse, Arachid- oder Mandubinüsse sind die trockenen Früchte von Arachis hypogaea L. (Fam. Papilionaceae-Papilionatae-Coronilleae). Diese krautige Pflanze, deren Früchte sich unter der Erde entwickeln, ist wahrscheinlich ursprünglich brasilianischer Herkunft, jetzt aber nur in Kultur bekannt; sie wird in vielen Ländern der Tropen und Subtropen kultiviert. In den Handel kommen sowohl die ganzen Früchte (Hülsen) mit den darin eingeschlossenen Samen, als auch die ausgelösten Samen (Arachid-Kerne).

Erdnüsse sind nichtaufspringende Hülsen von ungefähr 2 bis 6 cm Länge und 1 bis 1,5 cm Dicke; sie sind walzig, etwas höckerig, in der Mitte eingeschnürt, kokonähnlich, matt blaßgelb bis hellbräunlich oder rötlich. Sie enthalten meistens 2, seltener 1 oder 3 Samen. Diese sind eirundlich bis länglich, etwa 15 bis 25 mm lang und 8 bis 12 mm breit, an einem Ende gerundet oder schief gestutzt, seltener mit stumpfer Spitze, am anderen Ende kurz geschnäbelt, mit einer oder zwei kleinen Vertiefungen unterhalb dieses Schnabels. Innerhalb der leicht ablösbaren braunen Samenhaut befindet sich der weiße, ölig-fleischige Keim, der aus zwei großen Keimblättern und einem kleinen, dicken Würzelchen besteht. Erdnüsse schmecken, von der Samenschale befreit, ölig, im rohen Zustande bohnenartig, geröstet an Haselnüsse erinnernd. Sie enthalten bis 10% Wasser, 46 bis 52% fettes Öl, 28% Stickstoffsubstanz, 2,5% Rohfaser, etwa 2 bis 3% Asche. Erdnüsse werden hauptsächlich in geröstetem Zustande, seltener roh gegessen. Am wohlschmeckendsten sind Erdnüsse, die durch entsprechend lange Röstung zirka 10% ihres Gewichtes eingebüßt haben. Geröstete Erdnüsse werden bei Konditorwaren und in der Schokoladeindustrie als Ersatz oder als Streckungsmittel für Haselnüsse verwendet, sind aber kennzeichnungspflichtig. Aus rohen Erdnüssen gewinnt man im großen Umfange Öl (Erdnußöl, Arachidöl).

Produktions- und Handelsverhältnisse. Die meisten und zugleich besten Erdnüsse werden aus Südchina und Vorderindien, zum Teil auch von Formosa und den Sundainseln eingeführt. Erdnüsse minderer Qualität werden von verschiedenen Teilen Afrikas geliefert. Erdnüsse in Schalen werden in Säcken von 40 kg brutto, ausgelöste Erdnüsse in Säcken von 50 und 80 kg brutto versendet.

58. Paranuß

Paranüsse oder Tukanüsse, auch Brasilnüsse oder Amazonasmandeln genannt, sind die trockenen Samen des am Orinoko und Amazonas einheimischen, im ganzen tropischen Südamerika kultivierten Yuvia-Baumes oder Brasilnußbaumes, Bertholletia excelsa Humb. et Bonpl. (Fam. Lecythidaceae).

Die Paranüsse sind 3 bis 5 cm lang, vorwiegend scharf dreikantig, einem Kugelausschnitt gleichend, in der Regel mit einer gewölbten Rücken- und zwei breiten Seitenflächen, graubraun, querrunzelig, mit einer äußeren, dünnen steinharten und einer inneren rotbraunen, schwammigweichen Samenschale und mit einem weißen, ölig-hartfleischigen, spröden, durch und durch gleichförmigen Samenkern, der nur aus dem Keim besteht. Die Paranüsse sind zu 10 bis 20 in einer kugelförmigen, zirka 1 kg schweren, hartschaligen Frucht enthalten.

Der Geschmack der Paranüsse ist angenehm walnußartig. Geschälte Paranüsse enthalten gegen 3% Wasser, 60 bis 70% fettes Öl, etwa 16% Stickstoffsubstanz, 3,5% Rohfaser, 4% Asche. Die Paranüsse werden zwar auch roh gegessen, aber hauptsächlich zu Mehlspeisen und in der Zuckerbäckerei verwendet.

Produktions- und Handelsverhältnisse. Paranüsse werden nur aus Südamerika eingeführt, und zwar über Hamburg und über Triest. Sie werden in Säcken zu 50 und 80 kg brutto verpackt. In letzter Zeit kommen Paranüsse auch geschält als weiße Kerne in luftdichten Blechdosen von 10 kg netto in den Handel.

Anmerkung. Gleiche Verwendung finden die als Paradiesnüsse oder Sapucajanüsse bezeichneten ölreichen, mandelartig schmeckenden Samen einiger südamerikanischer Arten der Gattung Lecythis, Topfbaum, z. B. von Lecythis ollaria, L. zabucayo, L. amazonum, L. Poplii u. a. m. Sie werden nur selten eingeführt, gewöhnlich aus Brasilien.

59. Kokosnuß

Kokosnüsse sind die Früchte der Kokospalme, Cocos nucifera L. (Fam. Palmae-Ceroxyloideae), einer wahrscheinlich ursprünglich in Südamerika heimischen, aber seit langem über die Küstengegenden der ganzen Tropenwelt verbreiteten Palmenart. In den Handel kommt gewöhnlich nur der Steinkern der Frucht samt dem darin eingeschlossenen Samen, also ohne die den Steinkern umhüllende Faserschicht der Frucht.

Der Steinkern der Kokosnuß ist rötlichgraubraun, breit-eiförmig bis fast kugelig, hat einen Durchmesser von etwa 10 bis 16 cm und weist drei Längsseiten auf, die an dem einen Ende in einer kurzen stumpfen Spitze zusammenlaufen. An diesem Ende befinden sich drei sehr auffällige grübchenförmige Keimporen („Augen"), deren eine, die über dem Keimling liegt, nur von einem dünnen Deckel verschlossen ist. Innerhalb der etwa 0,5 cm starken, sehr harten Steinschale liegt der genießbare Samen. Er ist gleichfalls fast kugelig (mit etwa 9 bis 15 cm Durchmesser), gegen das Keimlager zu in einen stumpfen Kegel auslaufend, an der Oberfläche mit einer dunkelrotbraunen Samenhaut überdeckt, nach deren Entfernung weiß und von einem vertieften Adernetz überzogen. Er besteht hauptsächlich aus dem Nährgewebe (Endosperm), das am kegelig verschmälerten Ende den kleinen Keim trägt. Das Nährgewebe ist ölig-knorpelig, an Bruchflächen radialfaserig und umschließt einen großen zentralen Hohlraum, der beim frischen Samen eine geringe Menge der wässerigen, genießbaren „Kokosmilch" enthält. Gelegentlich werden auch einzelne ganze Kokosnüsse samt der Faserschicht zu uns gebracht. Sie sind ungefähr kopfgroß, länglich-eiförmig, stumpf-dreikantig, etwas zugespitzt; sie enthalten unter der glatten Oberhaut zunächst eine mächtige Schicht eines leichten, trocken-schwammigen, von zahlreichen Fasern durchsetzten

Gewebes (Faserschicht), das den eingangs beschriebenen Steinkern umgibt. Der Samen schmeckt ölig-nußartig. Er enthält etwa 5% Wasser, 64 bis 74% fettes Öl, etwa 9% Stickstoffsubstanz, 4% Rohfaser, 2% Asche. Das Öl wird leicht ranzig. Kokosnüsse werden roh gegessen und in geraspeltem Zustande zu verschiedenen süßen Backwaren verwendet. Die in Stücke zerschnittenen und dann getrockneten Kerne heißen Kopra (Copra, Coperah); sie sind ein wichtiger Rohstoff für die Pflanzenfett-, Margarine- und Seifenindustrie.

Produktions- und Handelsverhältnisse. Kokosnüsse werden mit der Steinschale oder auch ohne diese, in letzterem Falle ganz oder in Stücke zerschnitten, oder in geraspeltem, mehr oder weniger entfettetem Zustande (als „geraspelte Kokosnuß") verkauft. Die Kokosnüsse werden hauptsächlich aus Ceylon, außerdem aus Ostafrika, Mittelamerika und Südamerika eingeführt. Sie werden in netzartigen Säcken aus Kokosfasern („Kokosmatten") zu 60, 70, 80, 90 und 100 Stück bei ungefähr gleichbleibendem Sackgewicht (zirka 62 bis 75 kg) verpackt. Geraspelte Kokosnüsse werden in mit Pergamentpapier oder Stanniol ausgekleideten Kisten zu 68 kg oder 59 kg netto, und zwar aus Colombo, eingeführt. Die Verpackung der geraspelten Kokosnüsse in gesundheitsschädlichem Material (z. B. Bleifolie) ist unzulässig.

J. Anhang

60. Mohnsamen

Mohnsamen sind die getrockneten, reifen Samen des kultivierten Mohnes, auch Gartenmohn genannt, Papaver somniferum L. (Fam. Papaveraceae-Papaveroideae), und zwar hauptsächlich von dessen dunkelsamiger Varietät, P. somniferum L. var. nigrum DC., seltener von der weißsamigen Varietät, P. somniferum L. var. album DC. Der Mohn stammt aus Vorderasien und wird dort sowie in vielen Ländern Europas feldmäßig gebaut.

Mohnsamen sind 1 bis 1,5 mm lang, 0,8 bis 1,2 mm breit, ziemlich leicht (Tausendkorngewicht etwa 0,3 bis 0,6 g), nierenförmig, an einem Ende breit abgerundet, am entgegengesetzten Ende um ein geringes schmäler und fast etwas spitz; sie zeigen an der konkaven Seite eine deutlich erkennbare tiefliegende Ablösungsstelle; auf der Oberfläche sind sie gewölbt und fein genetzt. Die Farbe der reifen Mohnsamen ist grau (silbergrau bis mausgrau), graublau bis schwarzblau oder graubraun, selten weiß. (In Österreich wird jedoch nur grauer und „blauer" Mohn produziert und eingeführt.) Die dünne Samenschale umhüllt ein weißes, ölreiches Nährgewebe, in dessen Mitte der kleine gekrümmte Keimling liegt; dessen Würzelchen ist gegen das spitze Samenende gerichtet. Mohnsamen sind geruchlos und besitzen in gequetschtem Zustande einen angenehmen, nußähnlichen, milden, süßlichen Geschmack. Ihre chemische Zusammensetzung ist etwa folgende: 7 bis 10% Wasser, 35 bis 53% Öl, 17 bis 25% Stickstoffsubstanz, 14 bis 20% stickstofffreie Extraktstoffe, 5 bis 6% Rohfaser, 5 bis 7% Asche. Mohnsamen verwendet man in gequetschtem („gemahlenem") Zustande zum Füllen von Mehlspeisen und als Zutat zu solchen (hauptsächlich grauen Mohn), in ungemahlenem Zustande zum Bestreuen von Weißgebäck (fast nur blauen Mohn). Außerdem kann aus Mohnsamen durch Pressen Mohnöl gewonnen werden, das aber als „trocknendes" Öl vorwiegend in der Ölmalerei Verwendung findet.

Produktions- und Handelsverhältnisse. Der größte Teil des österreichischen Mohnbedarfes wird durch die heimische Produktion gedeckt. Im niederösterreichischen Waldviertel (Gegend von Zwettl) wird ein grauer Mohn produziert, der wegen seiner Weichheit und seines guten Geschmackes Weltruf genießt. Außerdem wird im nordöstlichen Teile von Oberösterreich gleichfalls vorwiegend Graumohn gebaut, in der sogenannten „buckligen Welt" (Gegend von Kirchschlag im südöstlichen Niederösterreich) Grau- und Blaumohn, im Burgenland und im niederösterreichischen Marchfeld beinahe nur blauer Mohn. In den übrigen Bundesländern Österreichs ist der Mohnbau weniger bedeutend.

Nach Österreich wird Mohn hauptsächlich aus Ungarn, Polen, Rumänien, der Türkei, in geringerer Menge auch aus Jugoslawien, der Tschechoslowakei, Rußland und anderen Ländern eingeführt. Bei russischem, rumänischem und auch polnischem Mohn ist mitunter an beigemengten Unkrautsamen die Herkunft kenntlich. In der Türkei wird der Mohnbau größtenteils zum Zwecke der Opiumgewinnung betrieben; da bei dieser die unreifen grünen Mohnkapseln geritzt werden, sind die türkischen Mohnsamen häufig schlecht entwickelt, d. h. kleinkörnig und von ungleichmäßiger Farbe. Solcher, aber auch wegen mangelnder Sortenreinheit aus auffällig verschiedenfarbigen Körnern gemischter Mohn heißt „Bigarré-Mohn" (bigarré = buntscheckig).

Im Handel unterscheidet man die Mohnsorten hauptsächlich nach der Farbe der Samen und nach der Herkunft. Für Speisezwecke kommt bei uns nur grauer und blauer Mohn in Betracht. Die Farben sind zwar ohne Einfluß auf Geschmack und Nährwert, doch werden einheitliche Farben bevorzugt und höher gewertet, teils wegen des schönen Aussehens, teils, weil gemischte Farben auf ungleichmäßige Reife und allenfalls auch auf Insektenschäden hindeuten. Großkörniger Mohn wird ebenfalls höher gewertet als kleinkörniger Mohn. Ebenso spielt die Herkunft bei der Wertbestimmung eine Rolle; so z. B. genießt der „Zwettler Mohn" einen hervorragenden Ruf.

Der Mohn wird in Säcken verschiedenen Gewichtes versendet und gehandelt.

Der zum menschlichen Genuß bestimmte Mohn muß gesund, trocken und gereinigt sein; er darf weder einen dumpfigen Geruch, noch einen ranzigen oder bitteren Geschmack besitzen, noch auch Milben („Niverln") enthalten, was meist die Folge unzweckmäßiger Lagerung ist. Die Reinheit muß mindestens 98% betragen. (Es läßt sich aber auch eine Reinheit von 99,8% erzielen.) Mohn mit mehr als 2% Besatz an Unkrautsamen, rotstichigen Mohnkörnern[1]), zerquetschten oder verletzten Mohnkörnern, Kapselsplittern und sonstigen ungefährlichen Beimengungen einschließlich Sand und Erde ist zu beanstanden. Innerhalb des zulässigen Besatzes von 2% darf auf Sand und Erde zusammen höchstens 0,5% entfallen. Sandiger Mohn ist als verdorben, unter Umständen als verfälscht zu beanstanden. Mohn, welcher B i l s e n - k r a u t s a m e n, wenn auch nur in geringem Ausmaße, enthält, muß als gesundheitsschädlich aus dem Verkehr gezogen und vernichtet werden. (Die Samen des betäubend giftigen Bilsenkrautes sehen in der Gestalt den Mohnsamen ähnlich, sind jedoch deutlich größer, viel flacher, kaum nierenförmig, sondern eher abgerundet-halbkreisförmig bis abgerundet-dreieckig, haben eine bräunliche bis gelblichgraue Farbe und ihre Oberfläche ist engmaschiger genetzt als beim Mohn.)

Der Besatz an zerquetschten Mohnkörnern soll so gering als möglich sein, da in erster Linie diese das Ranzigwerden der Ware verursachen und schon ein sehr geringer Prozentsatz an zerdroschenen Körnern genügt, um bei einer Temperatur von 10⁰ C und darüber den Geschmack der gesamten Mohnmenge in Kürze ranzig, bitter und brennend zu machen. (Zerdroschener Mohn ist hauptsächlich an seiner rostbraunen Färbung und an seinem leichten, später ranzigen Ölgeruch, unreife und durch Insektenschäden schlecht entwickelte Mohnkörner an einer rötlichen Farbe zu erkennen.) Aus diesem Grunde soll auch gemahlener Mohn, der länger als einen Tag gelagert hat, nicht mehr in Verkehr gesetzt werden. Auch ist auf besondere Reinlichkeit der Behältnisse und der Mohnmühlen zu achten. Letztere dürfen keine alten Rückstände von gemahlenem Mohn enthalten; ihre Walzen oder Reibflächen müssen rein und rostfrei sein.

Zum Schutze gegen Verderbnis ist der Mohn trocken, kühl und luftig zu lagern, also nicht in Gläsern und, falls in geschlossenen Holzbehältnissen (z. B. Laden), dann nicht in höheren Schichten als 20 cm. Auch ist zu berücksichtigen, daß der Mohn sehr leicht fremde Gerüche, z. B. Petroleumgeruch, anzieht und dann übel schmeckt.

2. Probeentnahme

Die Probeentnahme behufs einwandfreier Beurteilung von Obst hat so zu erfolgen, daß ein entsprechendes Durchschnittsmuster zur

---

[1]) Es sind dies unreife Samen von rötlicher Farbe; sie besitzen bitteren Geschmack.

Untersuchung entnommen wird, also nicht nur vereinzelte verdorbene oder beschädigte Stücke herausgegriffen werden. Bei Probeentnahme aus Säcken, Kisten oder anderen größeren Behältnissen sind die verschiedenen Schichten (obere, mittlere, untere) möglichst gleichmäßig zu berücksichtigen. Handelt es sich um größere Sendungen, so ist mindestens aus jeder fünften Kiste oder aus jedem fünften Sack ein Muster zu ziehen. Meistens genügen Proben von je 100 bis 200 Gramm Gewicht. Ist jedoch außer der Beschau der Proben auch eine besondere Untersuchung (Ermittlung von Zählprozenten, Bestimmung des Gehaltes an schwefliger Säure usw.) notwendig, so sind unter Umständen größere Mengen, etwa 250 bis 500 g, zu entnehmen. — Über Obst, das von San-José-Schildlaus befallen ist, vgl. S. 76.

3. Untersuchung

Die Untersuchung umfaßt die Feststellung der Richtigkeit der Bezeichnung, die Prüfung auf den Reifezustand und einen etwaigen Minderwert, die Ermittlung allfälliger Verdorbenheit, Gesundheitsschädlichkeit und Verfälschung sowie gegebenenfalls die Untersuchung auf Bleich- und Konservierungsmittel und auf schädliche Verunreinigungen (z. B. Pflanzenschutzmittel). Die unter Umständen nötige chemische Analyse erfolgt nach Heft XVII, „Dörrobst", S. 76. Der Nachweis und die Bestimmung von Arsen wird nach *Gangl*[1]) ausgeführt.

4. Beurteilung

Für die Beurteilung des Obstes[2]) gelten folgende Richtlinien: Unreifes Obst darf für den Rohgenuß nicht in Verkehr gebracht werden. Baumreifes Obst, d. i. solches Obst, das zur Genußreife noch einer entsprechend langen Lagerung bedarf, wird von diesem Verbote nicht berührt, doch ist der Käufer auf diesen Umstand aufmerksam zu machen. Überreifes Obst kann bei einem höheren Grade der Überreife gleichfalls für den menschlichen Genuß ungeeignet sein; unter Umständen muß es als verdorben oder sogar als gesundheitsschädlich beanstandet werden. Obst, welches nur für Kochzwecke, Einsiedezwecke, für Konserven, zur Mosterzeugung, Branntweinbrennerei und anderen industriellen Zwecken geeignet ist, muß dementsprechend bezeichnet werden (z. B. „Kochobst", „Einsiedeobst", „Mostobst", „zum Rohgenuß nicht geeignet" u. dgl.).

Als minderwertig oder als verdorben, je nach dem Grade der anhaftenden Mängel, ist solches Obst zu erklären, das angefault, an-

---

[1]) Zeitschrift f. analyt. Chemie, 1934, 98, 81.

[2]) „Obst" wird hier und im folgenden als Sammelname für Obst, Agrumen und andere Südfrüchte angewendet. Sinngemäß gelten die Bestimmungen natürlich auch für Mohn.

geschimmelt, von sonstigen Pilzen oder von Insekten bzw. deren Larven befallen (z. B. madig oder „wurmig"), von Schnecken oder anderen Tieren angefressen ist oder welches stark beschmutzt ist und sich nicht durch Anwendung gewöhnlicher mechanischer Hilfsmittel leicht und ohne wesentliche Verminderung seines Gebrauchswertes reinigen läßt. Nüsse und Edelkastanien sind, wenn sie mehr als 10, aber nicht mehr als 20 Zählprozente schlechter (ranziger, öliger, schimmeliger oder „erstickter") Früchte enthalten, als minderwertig, bei mehr als 20 Zählprozenten schlechter Früchte als verdorben zu beurteilen. Ferner ist jedenfalls als verdorben zu erklären solches Obst, das in ekelerregender Weise verunreinigt ist, das mit einem üblen, dumpfen oder der Ware nicht zukommenden Geruch (z. B. Petroleumgeruch, Karbolgeruch, Ammoniakgeruch usw.) behaftet ist oder das durch ungünstige Veränderungen ungenießbar geworden ist, z. B. in Gärung geratene Früchte, ferner Obst, das durch Kühlhauslagerung sehr stark gelitten hat (vgl. unten S. 77), gefroren gewesene Orangen, Mandarinen, Zitronen und andere saftige Früchte, „strohige" (innen trockene oder fast trockene) Orangen usw., endlich Obst, dem ungenießbare Früchte beigemengt sind, z. B. Holunder mit Attichbeeren (s. S. 35). Je nach der Art und dem Grade der Verdorbenheit ist verdorbenes Obst sehr oft zugleich gesundheitsschädlich.

Als gesundheitsschädlich ist Obst außerdem dann zu beanstanden, wenn es Beimengungen giftiger oder sonst gesundheitsschädlicher Art enthält oder mit derartigen Verunreinigungen in einem für die Gesundheit bedenklichen Ausmaße behaftet ist. Solche Beimengungen oder Verunreinigungen können insbesondere folgende Ursachen haben:

1. eine absichtliche oder fahrlässige Beimischung gesundheitsschädlicher Früchte oder Samen, z. B. Attichbeeren, Bilsenkrautsamen;

2. eine unzulässige Verpackung, z. B. in Gefäßen oder Metallumhüllungen, welche mehr als 1% Blei oder Kupfer, Zink u. dgl. enthalten;

3. eine vorausgegangene Schädlingsbekämpfung mit gesundheitsschädlichen Mitteln, z. B. Arsenpräparaten, Kupferkalkbrühe, Bleiverbindungen, Schwefel u. dgl.;

4. eine Schönung (Bleichung, wie sie bei Nüssen, Krachmandeln, getrockneten Weinbeeren und allenfalls bei getrockneten Feigen vorgenommen wird) mit gesundheitsschädlichen Mitteln, z. B. schwefliger Säure, Sulfitlauge, Chlor u. dgl.

Je nach der Natur der schädlichen Stoffe sind schon geringe Spuren (z. B. von Arsen, Blei und deren Verbindungen) oder erst ein etwas größerer Gehalt an solchen Stoffen zu beanstanden.

Besonders für die Schwefelung gilt folgendes: Nüsse und Krachmandeln, die mehr als 20 mg schwefliger Säure in 1 kg ihrer Kerne enthalten, sind als verfälscht, solche, die mehr als 100 mg in 1 kg ihrer Kerne enthalten, sind als gesundheitsschädlich zu beurteilen.

Getrocknete Weinbeeren, die mehr als 100 mg bis höchstens 1250 mg schwefliger Säure in 1 kg enthalten, dürfen nur mit der ausdrücklichen Bezeichnung „Zum Rohgenuß nicht geeignet" oder „Nur für Kochzwecke geeignet" in Verkehr gebracht werden; wofern diese Bezeichnung fehlt, sind getrocknete Weinbeeren mit 100 bis 350 mg schwefliger Säure in 1 kg als verdorben, solche mit 350 bis 1250 mg schwefliger Säure in 1 kg als gesundheitsschädlich zu beurteilen. Getrocknete Weinbeeren mit mehr als 1250 mg schwefliger Säure in 1 kg dürfen, da gesundheitsschädlich, überhaupt nicht als Lebensmittel in Verkehr gebracht werden. Bei einer allfälligen Schwefelung getrockneter Feigen finden die für getrocknete Weinbeeren geltenden Bestimmungen sinngemäße Anwendung.

Als verfälscht anzusehen ist Obst dann, wenn durch Zusatz von Farbstoffen, durch eine unzulässig starke Bleichung bzw. Schönung oder durch sonstige Behandlungen das Aussehen des Obstes so verändert wurde, daß eine bessere Qualität vorgetäuscht wird; ferner dann, wenn gute, gesunde, frische Ware mit alter, minderwertiger, verdorbener oder gesundheitsschädlicher (siehe unten) Ware der gleichen Obstart vermengt wurde, endlich dann, wenn das Obst ähnlich aussehende, aber minderwertige oder wertlose fremde Beimengungen enthält. Bezüglich der Schönung gilt folgendes: Die bei verschiedenen Arten von Obst (z. B. Nüssen, Krachmandeln) übliche Schönung ist dann zulässig, wenn hiedurch bloß mit erlaubten Mitteln (über die zulässigen Grenzen vgl. oben) der Ware ein gefälligeres Aussehen verliehen wird, ohne daß der Käufer über die wirkliche Beschaffenheit, Qualität und Herkunft der Ware getäuscht wird und ohne daß der Genuß der geschönten Ware die menschliche Gesundheit beeinträchtigen kann. Desgleichen ist das „Auffrischen" getrockneter Feigen älterer Ernte durch Einweichen oder Etuvieren als Verfälschung anzusehen, wofern dieser Umstand nicht ausdrücklich angegeben ist („aufgefrischte Feigen", siehe auch später unter „Falsche Bezeichnung", S. 76). Als Beispiele für Verfälschung durch fremde Beimengungen seien genannt: Beerenfrüchte, denen zur Erhöhung des Gewichtes Wasser zugesetzt wurde; Heidelbeeren, die Moorbeeren (Sumpfheidelbeeren) enthalten; Preißelbeeren, die mit Vogelbeeren vermischt sind; Mandeln, denen Marillenkerne oder andere Obstkerne beigemengt sind; handgeklaubte Mandeln, welche Schalen, Bruchstücke, Staub oder mehr als 5% Zwillingskerne enthalten. Verfälschtes Obst ist, wenn die Verfälschung mit gesundheitsschädlichen Mitteln bzw. Beimengungen vorgenommen wurde, zugleich auch gesundheitsschädlich (z. B. starke Schwefelung, Attichbeeren, Bittersüßbeeren, u. a. m.).

Als falsche Bezeichnung gilt eine unrichtige Benennung des Obstes oder der Obstsorten, eine unrichtige Angabe über Herkunft oder Qualität, eine dem Handelsbrauch nicht entsprechende und dadurch irreführende Bezeichnung, aber auch die Nichtangabe von Umständen, welche den Wert oder die Verwendbarkeit der Ware wesentlich verändern oder vermindern, beispielsweise Einsiedeobst (vgl. S. 73), Kühlhausware (vgl. S. 77), Direktträgertrauben (Hybridentrauben, vgl. S. 22), Nüsse aus vorjähriger (oder einer früheren) Ernte (vgl. S. 42), aufgefrischte Feigen (vgl. S. 54), lichtfleischige Wassermelonen (vgl. S. 40), usw.

Die vorstehenden Richtlinien für die Beurteilung haben sinngemäß auch auf alle anderen ähnlichen Fälle Anwendung zu finden.

5. Regelung des Verkehrs

Abgesehen von den für die Beurteilung des Obstes maßgebenden Grundsätzen (siehe vorstehend) und von den bei den einzelnen Obstarten besprochenen Gesichtspunkten sind noch folgende Punkte zu beachten:

1. Auf ein etwaiges Vorkommen der für den Obstbau höchst gefährlichen San-José-Schildlaus, die besonders an Birnen und Äpfeln auftritt, ist gewissenhaft zu achten. Wenn bei Obst der Verdacht einer Behaftung mit San-José-Schildlaus besteht, so sind von den verdächtigen Früchten Muster zu ziehen und ungesäumt an die Bundesanstalt für Pflanzenschutz in Wien (II., Trunnerstraße 1) oder an das zuständige Landes-Obstbaureferat zur Untersuchung einzusenden. Bis zur Klarstellung des Sachverhaltes ist die Ware unter Sperre zu legen. Sobald San-José-Schildlaus an einer Ware nachgewiesen wurde, ist die gesamte Ware zu beschlagnahmen und sofort an die zuständige Verwaltungsbehörde die Anzeige zu erstatten.

2. Das bei der Verpackung von Obst zur Verwendung gelangende Packmaterial, wie Papier, Papierschnitzel, Holzwolle, Stroh, Watte, Werg, Kork, Torfmull u. dgl. muß ungebraucht, rein und geruchlos sein und darf keine schädliche Wirkung auf das verpackte Obst ausüben. Papier u. dgl., welches mit den genießbaren Teilen des Obstes in unmittelbare Berührung kommt, darf auf dieser Seite nicht bedruckt oder beschrieben, nicht mit abfärbenden oder gesundheitsschädlichen Farben gefärbt und auch nicht mit gesundheitsschädlichen Chemikalien präpariert sein. Demgemäß sind insbesondere Zeitungspapier, Makulaturpapier und „Altpapier" für die unmittelbare Umhüllung des Obstes (seiner genießbaren Teile) nicht zulässig. Weinblätter, die mit Kupferkalkbrühe oder anderen Schädlingsbekämpfungsmitteln behaftet sind, dürfen zum Verpacken von Obst nicht verwendet werden.

3. Alle zum Transporte von Obst dienenden Verpackungsbehältnisse und Transportmittel müssen hygienisch und sanitär vollständig einwandfrei sein. Das Einsammeln, Aufbewahren und Befördern von Obst in Gefäßen oder mit Geräten aus gesundheitsschädlichem Material (z. B. Blei, Kadmium, Kupfer, Zink usw.) ist verboten.

4. Alle zur Lagerung, zur sonstigen Behandlung und zum Verkauf von Obst bestimmten Räume müssen rein, frei von Ungeziefer und Staub, trocken, luftig, kühl, aber frostfrei sein und dürfen weder zu Wohn-, noch zu Schlafzwecken verwendet werden.

5. Vor Nässe ist das Obst sowohl während des Transportes, als auch während der Lagerung zu schützen, da feucht gewordenes Obst sich für Lagerung und allfällige Nachreifung nicht eignet.

6. Obst, welches längere Zeit im Kühlhause gelagert hat, kann nur insofern zu uneingeschränktem Marktverkehr zugelassen werden, als es in Geschmack oder sonstiger Beschaffenheit noch den an frisches, genußfähiges Obst zu stellenden Anforderungen entspricht. Wenn das Obst durch Lagerung etwas gelitten hat, aber immer noch genießbar ist, so ist es minderwertig. Im reellen Verkehr wird solche Ware entsprechend bezeichnet, z. B. „Kühlhausware", „havariert" u. dgl. Obst, das durch die Kühlhauslagerung stark gelitten hat, ist vom Rohgenusse auszuschließen. Für die Einlagerung im Kühlhause eignet sich nur haltbares Obst in nicht zu reifem Zustande.

7. Obst darf unter keinen Umständen ohne entsprechende Unterlage (Bretterboden, Lattenrost, Matten usw.) auf den Erdboden gelagert werden.

8. Das zum Verkauf bestimmte Obst muß gegen Verunreinigung jeder Art, vor allem gegen Insekten, Staub und Tröpfcheninjektion sorgfältig geschützt werden. Besonders gilt dies für alle Obstarten, die man ungeschält zu essen pflegt, ferner für geschälte bzw. ausgelöst zum Verkauf gelangende Früchte, z. B. Orangen, Nüsse, Haselnüsse usw., endlich für die (nur für den Kleinverkehr in Betracht kommenden) zerschnittenen Früchte, z. B. Melonen, Ananas, Kokosnüsse. Die zum Zudecken des Obstes verwendeten Behelfe und Materialien müssen hygienisch und sanitär einwandfrei sein.

9. Das Schälen, Auslösen und allfällige Zerschneiden von Obst für den Verkauf darf nur in hygienisch und sanitär einwandfreien Räumen, nur mit reinen und einwandfreien Werkzeugen und nur von Personen vorgenommen werden, die nicht mit übertragbaren oder ekelerregenden Krankheiten behaftet sind.

10. Die zum Ausmessen und Auswägen bestimmten Maße, Gefäße, Waagen und Gewichte müssen stets in hygienisch einwandfreiem Zustande erhalten werden.

6. Verwertung des beanstandeten Obstes

Bei Obst, welches sich weder für den Rohgenuß, noch für den Genuß in gekochtem Zustande eignet, ist die Möglichkeit einer industriellen Verwertung (Spiritusbrennerei usw.), unter Umständen einer Verfütterung zu erwägen, vorausgesetzt, daß sich das Obst für diese Zwecke eignet und daß genügend große Mengen vorliegen, um den Transport und die Verarbeitung lohnend erscheinen zu lassen. Dabei sind gegen eine mißbräuchliche neuerliche Inverkehrsetzung der Ware als „Obst" die nötigen Vorsichtsmaßregeln zu ergreifen.

Bei einer Verarbeitung zu stark geschwefelten Obstes in der Nahrungsmittelindustrie darf die Menge der verbleibenden schwefligen Säure im Endprodukte 100 mg in 1 kg nicht übersteigen. Kommt eine industrielle Verwertung bzw. Verfütterung wegen zu geringer Menge oder aus anderen Gründen nicht in Betracht, so ist die Ware zu vernichten.

———

Experten: *Bananen-Import-Gesellschaft*, Wien, Amtsrat *Ladislaus Chernel*, Kom.-Rat *Ernst Kraus* (Fa. F. Ballmann), Hofrat *Josef Löschnig*, Univ.-Doz. Prof. Dr. *Heinrich Lohwag*, Ing. Chem. *Otto Pollak* (Fa. Berthold Pollak), Gen.-Dir. *Franz Pretsch-Lerchenhorst*, Prok. *Ernst Rotter* † (Fa. Tommasoni), Oberamtsrat *Ludwig Rutschka*, Südfrüchten-Großhändler *Adolf Sauer*, Direktor *Jakob Schrattenholzer*, *Leopold Urbach*, Kom.-Rat *Leopold Wozasek*, o. ö. Prof. Dr. *Emmerich Zederbauer*.

Manzsche Buchdruckerei, Wien IX